河南省林木种质资源普查项目
国家自然科学基金项目(41601057、41771036)
河南省科技攻关项目(212102310840)
河南省生态经济型木本植物种质创新与利用重点实验室
资助出版

平顶山市林木种质资源名录

主　编　刘银萍　齐　光　佟伟霜
副主编　申洁梅　李建成　余祖运

黄河水利出版社
·郑州·

图书在版编目(CIP)数据

平顶山市林木种质资源名录/刘银萍,齐光,佟伟霜主编.—郑州:黄河水利出版社,2021.7

ISBN 978-7-5509-2483-3

Ⅰ.①平… Ⅱ.①刘… ②齐… ③佟… Ⅲ.①林木-种质资源-平顶山-名录 Ⅳ.①S722-62

中国版本图书馆 CIP 数据核字(2019)第 173931 号

策划编辑:岳晓娟　电话:0371-66020903　邮箱:2250150882@qq.com

出 版 社:黄河水利出版社　网址:www.yrcp.com

地址:河南省郑州市顺河路黄委会综合楼 14 层　邮政编码:450003

发行单位:黄河水利出版社

发行部电话:0371-66026940、66020550、66028024、66022620(传真)

E-mail:hhslcbs@126.com

承印单位:河南瑞之光印刷股份有限公司

开本:787 mm×1 092 mm　1/16

印张:15.25

字数:266 千字　印数:1—1 000

版次:2021 年 7 月第 1 版　印次:2021 年 7 月第 1 次印刷

定价:36.00 元

前 言

林木种质资源是林木遗传多样性的载体，是良种选育和遗传改良的物质基础，是维系生态安全和林业可持续发展的基础性、战略性资源。根据《河南省林业厅关于开展全省林木种质资源普查工作的通知》（豫林种〔2016〕171号）和《河南省林木种质资源普查工作方案》（豫林种发〔2016〕20号）的统一安排和部署，河南省从2016年开始启动全省林木种质资源普查工作，确保2020年底之前全面完成全省林木种质资源普查的内业和外业任务。

平顶山市林木种质资源普查工作于2016年12月开始启动，2020年3月结束。经过三年多的努力，全面完成外业调查和内业整理任务，基本摸清了平顶山市林木种质资源的种类、数量、分布（或栽培）区域、面积、生长状态、适应性等情况，掌握了重点保护和珍惜濒危树种与古树名木的种类、数量、分布地点、保存单位、生长和保护现状。在普查过程中，我们严格按照省林木种质资源普查工作小组办公室下发的《河南省林木种质资源普查技术手册》要求，依据《林木种质资源普查技术规程》（DB41/T 1489—2017），结合省厅专家组意见，进行全市林木种质资源普查工作。坚持统一调查标准和方法，做到真实、准确。邀请河南农业大学、平顶山学院、河南省城建学院及科研院所共同参与，分工合作，各负其责，为普查的顺利实施提供了人员和技术保障。聘请省、市林业专家组成专家咨询组，及时解决普查中出现的各种问题。各县（市、区）也分别成立了领导小组和专家咨询组，加强林木种质资源普查工作的组织、领导及技术咨询及指导服务。经过县级自查、市级验收、补充调查等几个阶段，全面完成了平顶山市地区林木种质资源普查工作。截至目前，全市共普查145个乡镇（街道办）2 643个行政村6 875个自然村，填写各类统计表11 109张，拍摄图片38 870幅，为平顶山市林木种质资源的收集保存和开发利用奠定基础，同时为平顶山市林业生态建设健康发展提供有力基础性保障。

根据省厅统一要求，本书物种按照恩格勒植物分类系统进行编排，物种拉丁名和习性参考《中国植物志》，收录了此次普查林木种质资源植物物种共计89科282属915种，另有品种495种，以便于广大植物学者和爱好者进行了解。

本书主编为刘银萍、齐光和佟伟霜，副主编为申洁梅、李建成和余祖运。

刘银萍撰写前言至目录，以及物种名录中的银杏科到樟科；齐光撰写物种名录中的虎耳草科至悬铃木科，以及品种名录和索引；佟伟霜撰写物种名录中的蔷薇科；申洁梅撰写物种名录中的豆科至卫予科；李建成撰写物种名录中的省沽油科至山茱萸科；余祖运撰写物种名录中的杜鹃花科至菊科。全书由刘银萍、齐光统稿。

本书在成书过程中，得到了河南省林业厅、平顶山市林业局、平顶山学院、河南农业大学、平顶山市绿化办、平顶山市林木种苗管理站、河南城建学院、平顶山市白龟山湿地省级自然保护区管理中心、平顶山市林业技术推广站、舞钢市林木种苗管理站、鲁山县林木种苗管理站等单位同仁的帮助和支持。在此，向帮助和督促本书编写的平顶山市林业局郎建民局长和平顶山学院苏晓红校长表示衷心感谢！感谢叶永忠、苏金乐、王齐瑞、岳德军四位专家在稿件审阅会议上提出的宝贵意见，同时感谢程智远、黄志强、李红霞、陈科铭、李艳昌、杜莘莘、赵干卿、程立平、程世平、谢朝晖、刘瑞芳、柳静、佘秋生、芦迎辉、万少侠、李凯、周耀伟、于克同、李士洪、王瑞旺、陈应旭、徐亚龙、库红才、董佳明、李莹莹、李佳怡、陈光、徐国超、耿晓丹、冯蕊、张乐、苏少揆、付元海、张小甲、袁艳茹、徐豫等朋友为本书撰写提供的无私帮助。

刘银萍

2020 年 7 月于平顶山

平顶山市林木种质资源多样性及其形成条件

1　平顶山林木种质资源多样性

平顶山市位于河南省中南部,地处伏牛山、外方山东部余脉与黄淮平原交接地带(王建伟等, 2015)。土地面积 79.1 万 hm^2,境内多山丘,平原面积只占总面积的 26.6%(郭莹,2015)。根据平顶山 2009 年森林资源二类调查数据,全市林地面积 24.29 万 hm^2。全市林地由原始次生林和人工林两部分组成。原始次生林林区面积不大,集中在石人山一带。人工林为主要森林资源,大多分布在西部山区和丘陵地带(吴斌等,2011)。其中有林地面积 19.5 万 hm^2,疏林地 0.25 万 hm^2,灌木林地 0.4 万 hm^2,未成林造林面积 0.8 万 hm^2,苗圃地 0.1 万 hm^2,宜林荒山 3.2 万 hm^2,其中活立木面积 697.8 m^2,森林覆盖率达到 24.98%(郭莹, 2015)。

从资源分布状况看,西部、西北部、南部山区及沙、汝、洪河沿岸集中分布有以栎类、刺槐、杨树为主的生态防护林 11.6 万 hm^2。在中部平原区集中分布有以杨树、泡桐为主的商品用材林 5.7 万 hm^2。在市区近郊和西部山区分布有以板栗、柿子、桃、梨、杏为主的经济林 2.1 万 hm^2(郭莹, 2015)。目前,该市建成区绿化覆盖面积 1 638.5 hm^2,园林绿地总面积达 1 484.8 hm^2,其中公共绿地 554.86 hm^2。现有国家级自然保护区 1 处、国家级森林公园 2 处、省级森林公园 3 处、省级湿地公园 1 处(吴斌等,2011)。平顶山山清水秀、气候宜人,各类动植物资源十分丰富。

2　林木种质资源多样性形成条件

2.1　地形地貌

平顶山市位于伏牛山、外方山东部余脉与黄淮平原交接地带, 自然地理区划属于河南东部平原区、淮河冲积湖积平原分区、伏牛山前倾斜平原小区

（张光业等，1984）。地势西高东低，呈梯形展布地貌类型多，山脉、丘陵、平原、河谷、盆地齐全。西部、南部、北部，巍峨的伏牛山、外方山逶迤连绵，层峦叠嶂。中部、东部为丘陵和平原，沃野坦荡，物阜民丰。其中平原约占土地总面积的2/3。中心市区西北、西南地势较高，向东南逐渐降低，形似簸箕状。北部有焦赞寨、马棚山、平顶山、落鬼山、擂鼓台、龙山等山峰，呈北西西向排列，其中擂鼓台为群峰之首，海拔 506.5 m。山脊呈北西走向，海拔 227～505.6 m。山坡南陡北缓，南坡平均坡降 20%，北坡平均坡降 10%，占地约 37 km^2，构成了中心市区北部的天然屏障。

位于中心市区南部的河山、北渡山、凤凰山、国鼎山及青石山为丘陵区。陵脊呈北西南东方向，海拔 135～245 m，相对高差 15～125 m，与北部山峰隔城区相望。山坡一般南陡北缓，南坡平均坡降 8%～15%，北坡平均坡降 4%～8%，占地约 35 km^2。丘陵似一字长蛇，构成了中心市区南部的天然屏障。

在北部山地和南部丘陵的数公里之间，自然形成了一条狭长的走廊式洼地，湛河自西向东穿市而过。根据其地貌形态，可分为弱侵蚀山地丘陵地貌和堆积平原地貌（巴燕，2007）。

2.2 水文地质

平顶山地区水文地质含水岩组为松散岩类孔隙含水组，浅层含水亚组（河南省地质矿产厅，1992），区域地下水主要赋存于松散岩类孔隙和基岩裂隙溶隙中，其储水、导水性能主要和地层岩性、构造条件有关，其补给性能和地貌、气象、水文、饱气带岩性等因素有关。地层岩性是地下水赋存的基础，地质构造是控制地下水埋藏、分布和运移的主导因素。地貌、气象、水文是影响地下水补给、径流和排泄的重要条件。第四系松散岩类的富水性与其形成时代、成因类型和岩性密切相关。从形成时代来说，全新统、更新统的黏性土结构疏松，含水丰富，一般视为含水层；中更新统的黏性土结构致密，为相对隔水层；下更新统的黏性土结构致密，坚硬，为隔水层。全新统、上更新统砂泥质或含少量泥质，平均渗透系数为 140 m/d；中更新统含水层不含泥质或含少量泥质，平均渗透系数为 48 m/d；下更新统含水层多含泥质，平均渗透系数仅为 13 m/d。从成因类型讲，同一时代同一粒级的砂性土，坡洪积、洪冲积物富水性弱，冲积物富水性强。基岩的富水性主要与岩性有关，前震旦系变质岩（大理岩除外）一般为不含水岩石，震旦系冰碛砾岩、页岩为不含水岩石。同时构成区域性隔水层，其他各时代的岩石大都视为含水岩石。地质构造对基岩山区含水岩石富水性的控制作用有直接的，也有间接的。直接控制作用是构造活动形成多种多样的蓄水构造,不同的蓄水构造其富水部位和富水性不同。李口向斜蓄水构造,由于两翼倾角较缓,两翼和轴部均有第四系覆盖,接受松散岩类孔隙水的补给,所以其翼部和轴部都比较富水。

地貌、气象、水文和岩性等因素的综合作用,控制着地下水补排条件,特别是地貌条件对浅层地下水的控制作用最为明显和直接。沙河和汝河河谷平原不仅分布有厚5~40 m的卵砾石、砂砾石和砂层含水层,而且地形平坦。饱气带岩性多为全新统、上更新统结构疏松的亚砂土,易于接受大气降水入渗补给,加之山区岗地的地下径流及地表水的补给,地下水丰富和极丰富。山地和丘陵地形坡度大,河网密布,降水多形成地表径流排入河道,降水入渗微弱,一般为含水微弱的贫水区。

2.3 光照

平顶山市位于河南省中南部,位于亚热气候带与暖温气候带之间,表现出明显的过渡特征,光照充裕,全市年总日照时数为1 800~2 200 h,冬季日光照时间为8~9 h,夏季日光照较冬季长,为10~12 h,充足的光照作为植物生长的必要条件,保证了林木光合作用的需要,从而使得林木生长状态良好,林木生物量高。林木良好的生长状态使得植物的繁殖能力同样增强,其生长与繁殖的能力使得本地林木种质资源具有较高的多样性。

2.4 温度

平顶山地区常年雨量充沛、气候温和,年平均气温为14.8~15.2 ℃;最热的7月平均气温为26.9~29.3 ℃,最冷的1月平均气温为0.8~1.1 ℃。极端最低气温为-11.3 ℃,极端最高气温为38.1 ℃。春季暖和气温回升快,四季分明。适宜的温度使得本地林木多为落叶阔叶林,针叶树种很少,常见的也只有外地引入的松科树种。适宜的温度使得林木的类型多种多样,更多类型的物种适应于本地亚热带的气候而在此生存,从而形成了本地林木种质资源的多样性。

2.5 水分

平顶山市冬季干旱少雨;夏季炎热,雨量集中。无霜期214~231 d,可使农作物一年两熟。全市年降水量为1 000 mm左右,降水多处于季风控制的夏季7~8月,汛期降水量可占全年的60%~80%(李新等,2011)。对于任何生物而言,水分都是生活必需条件,充足的水分对于生物生长无疑是有利的,水分充足则林木生长良好,林木种类多样。

2.6 空气

平顶山市工业基础雄厚,在长期以煤炭资源开发为主的基础上已成为以能源原材料为主体的工业结构。煤炭的燃烧对空气质量产生了巨大的影响,空气中二氧化碳、二氧化硫、二氧化氮的含量逐年减少,各年均值浓度值均符合国家二级标准。但可吸入颗粒物(PM_{10})、细颗粒物($PM_{2.5}$)各年均值和浓度值均超过国家二级标准(李瑞霞等, 2018)。二氧化碳、二氧化硫、二氧化氮等对林木生长产生的负作用不大,对林木的生长较为适宜,但空气中可吸入颗粒物(PM_{10})、细颗粒物($PM_{2.5}$)较多,灰尘与颗粒物覆盖在叶片上,使叶片气孔导度降低,从而影响林木的光合作用,甚至产生植物"饿死"的情况。良好的空气质量对林木生长具有积极的影响。

平顶山地区适宜的自然地理特征和良好的光、热、水、气组合,对林木的生长十分有益,环境与气候作为影响林木生长的重要因子,使得平顶山地区的林木种质资源具有较高的多样性。

参考文献

[1] 张光业. 河南省山地的自然环境特点及其开发利用问题[J]. 河南师范大学学报(自然科学版), 1984(1): 5-16.

[2] 巴燕. 平顶山地区自然地理及环境地质概况[A]//河南省地质调查与研究通报 2007 年卷(下册)[C]. 河南省地质学会, 2007: 8.

[3] 李新, 王翔. 平顶山旅游气候资源分析及评价[J]. 安徽农业科学, 2011, 39(12): 7220-7222.

[4] 李戈, 雷哲. 平顶山地区近 30 年大风变化的气候特征[J]. 河南气象, 1998(1): 28-29.

[5] 张力奎, 于长立. 平顶山市自然资源可持续利用与经济可持续发展研究[J]. 平顶山师专学报, 1998(5): 1-7.

[6] 王建伟, 李晓倩, 李玉欣, 等. 平顶山市地区生物质能源树种调查及建议[J]. 绿色科技, 2015(8): 45-46.

[7] 郭莹. 浅谈平顶山市森林资源与城市生态文明建设[J]. 河南林业科技, 2015, 35(1): 46-47.

目 录

（一）物种名录

裸子植物门

银杏科(Ginkgoaceae)

银杏属 *Ginkgo*

1 银杏 *Ginkgo biloba* L. *

习性：乔木，胸径可达 4 m，大树之皮呈灰褐色，深纵裂。叶扇形，有长柄，淡绿色，无毛，有多数叉状并列细脉。种子具长梗，下垂。花期 3~4 月，种子 9~10 月成熟。

用途：木材，药用，工业。

松科(Pinaceae)

冷杉属 *Abies*

2 秦岭冷杉 *Abies chensiensis* Tiegh.

习性：乔木，高达 50 m，叶小型，条形，近两列状。球果圆柱形或卵状圆柱形；种子较种翅为长，倒三角状椭圆形，种翅宽大，倒三角形，连同种子长约 1.3 cm。

用途：工业。

3 巴山冷杉 *Abies fargesii* Franch.

习性：乔木，高达 40 m，一年生枝红褐色或微带紫色。叶在枝条下面列成两列。球果柱状矩圆形或圆柱形，成熟时淡紫色、紫黑色或红褐色；种子倒三角状卵圆形，种翅楔形，较种子为短或等长。

用途：工业，木材。

铁杉属 *Tsuga*

4 铁杉 *Tsuga chinensis* (Franch.) Pritz.

习性:乔木,高达 50 m,胸径达 1.6 m。叶条形,球果卵圆形或长卵圆形;苞鳞倒三角状楔形或斜方形,上部边缘有细缺齿,先端二裂。花期 4 月,球果 10 月成熟。

用途:工业,木材,食用。

云杉属 *Picea*

5 云杉 *Picea asperata* Mast. *

习性:乔木,高达 45 m,胸径达 1 m;树皮淡灰褐色或淡褐灰色。主枝之叶辐射伸展。球果圆柱状矩圆形或圆柱形;种翅淡褐色,倒卵状矩圆形;花期 4~5 月,球果 9~10 月成熟。

用途:工业,木材,食用。

6 白扦 *Picea meyeri* Rehd. et Wils. *

习性:乔木,高达 30 m,胸径 1 m,树冠圆锥形,树皮灰色,鳞状剥裂。球果成熟前绿色,熟时褐黄色,鳞背露出部分有条纹。花期 4 月,球果 9 月下旬至 10 月上旬成熟。

用途:工业,木材,观赏。

落叶松属 *Larix*

7 落叶松 *Larix gmelinii* (Ruprecht) Kuzeneva *

习性:乔木,高达 35 m,胸径 60~90 cm;枝斜展或近平展,树冠卵状圆锥形。叶倒披针状条形。球果幼时紫红色;种子斜卵圆形,灰白色,具淡褐色斑纹。花期 5~6 月,球果 9 月成熟。

用途:工业,木材。

8 日本落叶松 *Larix kaempferi* (Lamb.) Carr. *

习性:乔木,高达 30 m,胸径 1 m;树皮暗褐色,纵裂粗糙,成鳞片状脱落。叶倒披针状条形。雄球花淡褐黄色。球果卵圆形或圆柱状卵形;种子倒卵圆形。花期 4~5 月,球果 10 月成熟。

用途:园林,工业。

金钱松属 *Pseudolarix*

9 金钱松 *Pseudolarix amabilis* (J. Nelson) Rehder *

习性:乔木,高达 40 m,胸径达 1.5 m;枝平展,树冠宽塔形;一年生长枝淡红褐色或淡红黄色。叶条形。球果卵圆形或倒卵圆形;苞鳞长为种鳞的 1/4~1/3。花期 4 月,球果 10 月成熟。

用途:工业,木材,食用,药用,观赏。

雪松属 *Cedrus*

10 雪松 *Cedrus deodara* (Roxburgh) G. Don *

习性:乔木,高达 50 m,胸径达 3 m。树皮深灰色,裂成不规则的鳞状块片。球果成熟前淡绿色,微有白粉,熟时红褐色,卵圆形或宽椭圆形,顶端圆钝,有短梗;中部种鳞扇状倒三角形。

用途:工业,木材,观赏。

松属 *Pinus*

11 华山松 *Pinus armandii* Franch.

习性:乔木,高达 35 m,胸径 1 m。针叶常 5 针一束,边缘具细锯齿。球果圆锥状长卵圆形,幼时绿色,成熟时黄色或褐黄色。花期 4~5 月,球果第二年 9~10 月成熟。

用途: 工业,木材,食用。

12 日本五针松 *Pinus parviflora* Siebold et Zuccarini *

习性:乔木,原产日本,在原产地高达 25 m,胸径 1 m。5 针一束,针叶紧密,微弯曲。球果卵圆形或卵状椭圆形,几无梗,熟时种鳞张开,鳞盾淡褐色或暗灰褐色,近斜方形。

用途:观赏。

13　白皮松　*Pinus bungeana* Zucc. et Endi

习性:乔木,高达 30 m,胸径可达 3 m。针叶 3 针一束,边缘有细锯齿。球果通常单生,初直立,后下垂,卵圆形或圆锥状卵圆形,有短梗或几无梗。花期 4~5 月,球果第二年 10~11 月成熟。

用途:工业,木材,食用,观赏。

14　油松　*Pinus tabuliformis* Carriere

习性:乔木,高达 25 m,胸径可达 1 m 以上。针叶 2 针一束,深绿色,粗硬。球果卵形或圆卵形,有短梗,向下弯垂,成熟前绿色,熟时淡黄色或淡褐黄色;中部种鳞近矩圆状倒卵形。花期 4~5 月,球果第二年 10 月成熟。

用途:工业,木材,药用。

15　马尾松　*Pinus massoniana* Lamb.

习性:乔木,高达 45 m,胸径 1.5 m,树冠宽塔形或伞形。针叶常 2 针一束。雄球花淡红褐色,圆柱形。球果卵圆形或圆锥状卵圆形。花期 4~5 月,球果第二年 10~12 月成熟。

用途:工业,木材,食用,药用。

16　黄山松　*Pinus taiwanensis* Hayata*

习性:乔木,中国特有树种,高可达 30 m。针叶 5 针一束,长 4~9 cm。球果圆锥状椭圆形或卵状椭圆形,通常 3~4 个聚生,有树脂,梗长 5~10 mm,成熟时种鳞张开,4~5 月开花,果翌年 10 月成熟。

用途:观赏。

17　黑松　*Pinus thunbergii* Parlatore*

习性:乔木,高达 30 m,胸径可达 2 m。针叶 2 针一束,深绿色,有光泽。球果成熟前绿色,熟时褐色,圆锥状卵圆形或卵圆形。花期 4~5 月,种子第二年 10 月成熟。

用途:工业,木材,观赏。

18　火炬松　*Pinus taeda* L.*

习性:乔木,原产北美东南部,在原产地高达 30 m。针叶 3 针一束,硬直。球果卵状圆锥形或窄圆锥形,基部对称,无梗或几无梗;种鳞的鳞盾横脊显著隆起,鳞脐隆起延长成尖刺。

用途:工业,木材。

19　湿地松　*Pinus elliottii* Engelm. *

习性:乔木,胸径 90 cm。针叶 2~3 针一束并存,刚硬,深绿色,有气孔线。球果圆锥形或窄卵圆形,有梗,种鳞的鳞盾近斜方形,肥厚,有锐横脊,鳞脐瘤状,直伸或微向上弯,种翅易脱落。

用途:绿化。

柏科(Cupressaceae)

杉木属　*Cunninghamia*

20　杉木　*Cunninghamia lanceolata* (Lamb.) Hook.

习性:乔木,胸径可达 2.5~3 m;幼树树冠尖塔形,大树树冠圆锥形,树皮灰褐色,裂成长条片脱落。球果卵圆形,长 2.5~5 cm,径 3~4 cm;熟时苞鳞革质。花期 4 月,球果 10 月下旬成熟。

用途:工业,木材。

柳杉属　*Cryptomeria*

21　柳杉　*Cryptomeria japonica* var. *sinensis* Miquel *

习性:乔木,胸径可达 2 m 以上;树皮红棕色,纤维状,裂成长条片脱落。球果圆球形或扁球形;种子褐色,近椭圆形,扁平,花期 4 月,球果 10 月成熟。

用途:工业,木材。

落羽杉属　*Taxodium*

22　落羽杉　*Taxodium distichum* (L.) Rich. *

习性:落叶乔木,胸径可达 2 m;枝条水平开展;雄球花卵圆形,有短梗,在小枝顶端排列成总状花序状或圆锥花序状。球果球形或卵圆形,熟时淡褐黄色,有白粉,10 月成熟。

用途:工业,木材,观赏。

23　池杉　*Taxodium distichum* var. *imbricatum*（Nuttall）Croom*

习性:乔木,树皮褐色,纵裂,成长条片脱落;叶钻形,微内曲,在枝上螺旋状伸展,球果圆球形或矩圆状球形,熟时褐黄色, 种子不规则三角形。花期 3~4 月,球果 10 月成熟。

用途:工业,木材,观赏。

水杉属　*Metasequoia*

24　水杉　*Metasequoia glyptostroboides* Hu et W. C. Cheng*

习性:乔木,胸径达 2.5 m,树皮灰色、灰褐色或暗灰色,幼树裂成薄片脱落,枝斜展,小枝下垂,叶条形,球果下垂,近四棱状球形或矩圆状球形,花期 2 月下旬,球果 11 月成熟。

用途:工业,木材,观赏。

崖柏属　*Thuja*

25　北美香柏　*Thuja occidentalis* Linn.*

习性:乔木,原产北美,树冠塔形。树皮红褐色或桔红色,纵裂成条状块片脱落;球果幼时直立,绿色,后呈黄绿色、淡黄色或黄褐色,成熟时淡红褐色,向下弯垂,长椭圆形。

用途:木材。

侧柏属　*Platycladus*

26　侧柏　*Platycladus orientalis*（L.）Franco

习性:乔木,胸径 1 m;幼树树冠卵状尖塔形;生鳞叶的小枝细,向上直展或斜展。球果近卵圆形,成熟后木质,开裂,红褐色;花期 3~4 月,球果 10 月成熟。

用途:工业,木材,药用,观赏。

柏木属　*Cupressus*

27　柏木　*Cupressus funebris* Endl. *

习性：乔木，胸径 1 m；树皮薄，幼树树冠卵状尖塔形，老树树冠则为广圆形；生鳞叶的小枝细，向上直展或斜展。叶鳞形，长 1～3 mm，先端微钝，花期 3～5 月，种子第二年 5～6 月成熟。

用途：工业，木材，观赏。

28　西藏柏木　*Cupressus torulosa* D. Don *

习性：乔木，高约 20 m；二、三年生枝灰棕色，枝皮裂成块状薄片。鳞叶排列紧密，近斜方形，背部平，中部有短腺槽。球果宽卵圆形或近球形；种鳞 5～6 对，顶部五角形，有放射状的条纹；种子两侧具窄翅。

用途：木材。

扁柏属　*Chamaecyparis*

29　日本扁柏　*Chamaecyparis obtusa*（Siebold et Zuccarini）Enelicher *

习性：乔木，树冠尖塔形；树皮红褐色，光滑，鳞叶肥厚，先端钝。雄球花椭圆形，长约 3 mm，雄蕊 6 对，花药黄色。球果圆球形，径 8～10 mm，熟时红褐色。花期 4 月，球果 10～11 月成熟。

用途：工业，木材。

圆柏属　*Sabina*

30　铺地柏　*Sabina procumbens*（Endl.）Iwata et Kusaka

习性：匍匐小灌木，冠幅逾 2 m，贴地伏生。刺形叶三叶交叉轮生，条状披针形，先端渐尖成角质锐尖头。球果近球形，被白粉，成熟时黑色，径 8～9 mm，有 2～3 粒种子；种子有棱脊。

用途：观赏。

31　北美圆柏　*Sabina virginiana*（Linn.）Ant.

习性:乔木,原产北美,圆锥形树冠。树皮红褐色,裂成长条片脱落;生鳞叶的小枝细,四棱形。球果当年成熟,近圆球形或卵圆形,长 5~6 mm,蓝绿色,被白粉。

用途:观赏,绿化。

32　圆柏　*Sabina chinensis*（Linn.）Ant.

习性:常绿乔木,胸径达 3.5 m;叶二型,即刺叶及鳞叶;刺叶生于幼树之上,老龄树则全为鳞叶,壮龄树兼有刺叶与鳞叶。球果近圆球形,径 6~8 mm,两年成熟,熟时暗褐色,被白粉或白粉脱落。

用途:工业,木材,药用,观赏。

33　垂枝圆柏　*Sabina chinensis*（L.）Ant. f. *pendula*（Franch.）Cheng et W. T. Wang

习性:乔木,此变型枝长,小枝通常直或稍成弧状弯曲,生鳞叶的小枝近圆柱形或近四棱形。叶二型,即刺叶及鳞叶。球果近圆球形,径 6~8 mm,两年成熟,熟时暗褐色,被白粉或白粉脱落。

用途:园林。

刺柏属　*Juniperus*

34　欧洲刺柏　*Juniperus communis* L. *

习性:乔木或直立灌木,原产欧洲。树皮灰褐色;枝条直展或斜展。叶三叶轮生,全为刺形,宿存树上约三年,条状披针形,先端渐窄成锐尖头,球果球形或宽卵圆形,成熟时蓝黑色。

用途:工业,木材,园林,药用。

35　刺柏　*Juniperus formosana* Hayata

习性:乔木,树冠塔型或圆柱形,小枝三棱形。叶三叶轮生,条状披针形或条状刺形,雄球花圆球形或椭圆形,球果近球形或宽卵圆形,熟时淡红褐色,被白粉或白粉脱落,间或顶部微张开。

用途:工业,木材,园林。

36 杜松 *Juniperus rigida* Sieb. et Zucc. *

习性:灌木或小乔木,枝条直展,形成塔形或圆柱形的树冠,枝皮褐灰色,纵裂。叶三叶轮生,条状刺形。雄球花椭圆状或近球状,长 2~3 mm。球果圆球形,径 6~8 mm,成熟前紫褐色,熟时淡褐黑色或蓝黑色。

用途:工业,园林,药用。

罗汉松科(Podocarpaceae)

罗汉松属 *Podocarpus*

37 罗汉松 *Podocarpus macrophyllus* (Thunb.) Sweet *

习性:乔木,胸径达 60 cm;树皮灰色或灰褐色;叶螺旋状着生,条状披针形;种子卵圆形,径约 1 cm,先端圆,熟时肉质,假种皮,紫黑色。花期 4~5 月,种子 8~9 月成熟。

用途:观赏。

38 短叶罗汉松 *Podocarpus macrophyllus* var. *maki* Siebold & Zuccarini *

习性:小乔木或成灌木状,胸径达 60 cm;树皮灰色或灰褐色,浅纵裂,成薄片状脱落;叶螺旋状着生,条状披针形;种子卵圆形,径约 1 cm,熟时肉质,假种皮紫黑色。

用途:观赏。

三尖杉科(Cephalotaxaceae)

三尖杉属 *Cephalotaxus*

39 三尖杉 *Cephalotaxus fortunei* Hooker

习性:乔木,胸径达 40 cm;树皮褐色或红褐色,裂成片状脱落;枝条较细长，稍下垂；树冠广圆形。叶排成两列，披针状条形。雄球花 8～10 聚生成头状，径约 1 cm。

用途：工业，木材。

40　粗榧　*Cephalotaxus sinensis* (Rehder et E. H. Wilson) H. L. Li

习性：灌木或小乔木，高可达 15 m，叶条形，排列成两列，基部近圆形。雄球花卵圆形，基部有苞片，花丝短，种子着生于轴上，先端常急尖，叶干后边缘向下反曲。3～4 月开花，8～10 月种子成熟。

用途：木材，工艺，庭院。

红豆杉科(Taxaceae)

红豆杉属　*Taxus*

41　东北红豆杉　*Taxus cuspidata* Sieb. et Zucc. *

习性：乔木，胸径达 1 m。叶排成不规则的二列，斜上伸展，约成 45°角，条形，通常直，稀微弯。雄球花有雄蕊 9～14 枚。花期 5～6 月，种子 9～10 月成熟。

用途：工业，木材，药用，食用，园林。

42　红豆杉　*Taxus wallichiana* var. *chinensis* (Pilger) Florin *

习性：乔木，我国特有种，胸径达 60～100 cm。雄球花淡黄色，雄蕊 8～14 枚，花药 4～8(多为 5～6)。种子生于杯状红色肉质的假种皮中，间或生于近膜质盘状的种托之上。

用途：工业，木材，药用。

43　南方红豆杉　*Taxus wallichiana* var. *mairei* (Lemee & H. Léveillé) L. K. Fu & Nan Li

习性：乔木，胸径达 60～100 cm；树皮灰褐色、红褐色或暗褐色，裂成条片脱落；大枝开展，芽鳞三角状卵形，背部无脊或有纵脊，脱落或少数宿存于小枝的基部。叶较宽长，多呈弯镰刀状。

用途：工业，木材，药用。

麻黄科（Ephedraceae）

麻黄属　*Ephedra*

44　木贼麻黄　*Ephedra equisetina* Bunge*

习性：直立小灌木，高达 1 m，木质茎粗长。叶 2 裂，褐色，大部合生，上部约 1/4 分离，裂片短三角形，先端钝。雌球花成熟时肉质红色，长卵圆形或卵圆形，具短梗。花期 6~7 月，种子 8~9 月成熟。

用途：药用。

45　草麻黄　*Ephedre sinica* Stapf*

习性：草本状灌木，高 20~40 cm。叶 2 裂，鞘占全长的 1/3~2/3，裂片锐三角形，先端急尖。雄球花多成复穗状，常具总梗。雌球花成熟时肉质红色，矩圆状卵圆形或近于圆球形。花期 5~6 月。

用途：药用。

46　中麻黄　*Ephedra intermedia* Schrenk ex Mey. *

习性：灌木，高 20~100 cm。叶 3 裂及 2 裂混见，下部约 2/3 合生成鞘状，上部裂片钝三角形或窄三角披针形。雄球花通常无梗，花丝全部合生，花药无梗；雌球花 2~3 成簇，对生或轮生于节上。花期 5~6 月，种子 7~8 月成熟。

用途：药用，食用。

被子植物门

单子叶植物

禾本科(Gramineae 或 Poaceae)

簕竹属 *Bambusa*

1　花竹　*Bambusa albolineata* L. C. Chia

习性:竿高6~8 m,尾梢下弯,竿下部第一至第四节间甚至第六节间具黄白色纵条纹。箨鞘早落,革质,质脆,背面具黄白色纵条纹;叶耳狭卵形乃至镰刀形,边缘具长繸毛;叶舌圆拱;子房宽卵形。成熟颖果未见。

用途:工艺。

刚竹属 *Phyllostachys*

2　毛竹　*Phyllostachys heterocycla* (Carr.) Mitford *'Pubescens'*

习性:竿高达20余米,粗者可达20余厘米,叶片较小较薄,披针形,花丝长4 cm,花药长约12 mm;柱头3,羽毛状。颖果长椭圆形,顶端有宿存的花柱基部。笋期4月,花期5~8月。

用途:木材,食用。

3　刚竹　*Phyllostachys sulphurea* (Carr.) A. et C. Riv. *'Viridis'*

习性:竿高6~15 m,直径4~10 cm,叶片长圆状披针形或披针形,花枝未见。笋期5月中旬。

用途:木材,食用。

4　斑竹　*Phyllostachys bambusoides* Sieb. et Zucc. f. *lacrima-deae* Keng f. et Wen

习性:竿高可达20 m,幼竿无毛,竿环稍高于箨环。竿有紫褐色或淡褐色斑点。花枝呈穗状,每片佛焰苞腋内有的假小穗,小穗披针形,外稃被稀疏微毛,内稃稍短于其外稃,鳞被菱状长椭圆形,花柱较长,柱头羽毛状。笋期5月下旬。

用途:木材,食用。

5 黄皮绿筋竹 *Phyllostachys sulphurea* (Carr.) A. et C. Riv. *'Robert Young'*

习性:竿高6~15 m,直径4~10 cm,幼时无毛,微被白粉,绿色,成长的竿呈绿色或黄绿色,箨鞘背面呈乳黄色或绿黄褐色又多少带灰色,有绿色脉纹,叶片长圆状披针形或披针形,花枝未见。笋期5月中旬。

用途:木材,食用。

6 毛环竹 *Phyllostachys meyeri* McClure

习性:竿高5~11 m,粗3~7 cm,劲直,杆箨淡紫褐或黄褐色,微有白粉,箨上部有较密斑点,无箨耳和缝毛;箨舌淡黄褐色,先端平截或微隆起,无毛;箨叶带状,笋期4月下旬。

用途:木材,食用。

7 早园竹 *Phyllostachys propinqua* McClure

习性:竿高6 m,粗3~4 cm,竿环微隆起与箨环同高;箨鞘背面淡红褐色或黄褐色,无箨耳及鞘口缝毛;箨舌淡褐色,拱形,叶舌隆起,先端弧形,有缺裂,笋期4月上旬开始,出笋持续时间较长。

用途:木材,食用。

8 淡竹 *Phyllostachys glauca* McClure

习性:竿高5~12 m,秆箨淡红褐或绿褐色,有多数紫色脉纹,无毛,被紫褐色斑点,箨叶带状披针形,绿色,秆高18 m,径达9 cm,新秆密被白粉,呈蓝绿色,叶鞘初具叶耳,有缝毛,后渐脱落,花期6月。

用途:木材,食用。

9 变竹 *Phyllostachys glauca* McClure var. *variabilis* J. L. Lu

习性:竿高5~12 m,幼竿无白粉或微被薄白粉,分枝以下各节的箨鞘背面具云雾状淡褐色纵长斑纹;花期6月。

用途:木材,食用。

10 曲竿竹 *Phyllostachys flexuosa* (Carr.) A. et C. Riv.

习性:竿高 5~6 m,竿环中度隆起,与箨环同高;箨鞘背部绿褐色,有淡紫色脉纹,花枝呈穗状,叶耳及鞘口繸毛常不存在;笋期 4 月下旬至 5 月上旬。

用途:木材,食用。

11 紫竹 *Phyllostachys nigra* (Lodd. ex Lindl.) Munro*

习性:竿高 4~8 m,高大竹类;幼竿绿色,一年生以后的竿逐渐变为紫黑色;竿环与箨环均隆起,箨鞘背面红褐或更带绿色,箨耳长圆形至镰形,花枝呈短穗状,佛焰苞 4~6 片;柱头 3,羽毛状;笋期 4 月下旬。

用途:观赏,木材,食用。

12 毛金竹 *Phyllostachys nigra* (Lodd. ex Lindl.) Munro var. *henonis* (Mitford) Stapf ex Rendle

习性:竿高 4~8 m,径 5~10 cm,新秆绿色,老秆灰绿或灰白色,非紫黑色;笋期 4 月下旬。

用途:观赏,木材。

箭竹属 *Fargesia*

13 箭竹 *Fargesia spathacea* Franch.

习性:竿柄长 7~13 cm,卵状披针形,具 3~5 脉;子房长椭圆形,颖果椭圆形,浅褐色,无毛,长 5~7 mm,直径 2.2~3 mm,先端具长 0.3~0.6 mm 之宿存花柱,基部具腹沟。花期 4 月,果期 5 月。

用途:食用,木材。

14 华西箭竹 *Fargesia nitida* (Mitford) Keng f.

习性:叶片线状披针形,基部楔形,下子房椭圆形,无毛,羽毛状。颖果卵状椭圆形或椭圆形,黄褐色至深褐色,无毛,具浅腹沟,先端具长约 1 mm 的花柱基部。果期 8~9 月。

用途:食用,工业。

15 拐棍竹 *Fargesia robusta* Yi

习性:竿柄长 9~20 cm,叶片披针形或线状披针形,先端长渐尖,基部楔形,上表面绿色,下表面灰绿色;花药黄色;子房椭圆形,无毛,羽毛状。果实未见。笋期 5 月,花期 6~8 月。

用途:食用,木材。

箬竹属 *Indocalamus*

16 阔叶箬竹 *Indocalamus latifolius* (Keng) McClure

习性:竿高可达 2 m。叶鞘无毛,圆锥花序长 6~20 cm;小穗常带紫色,几呈圆柱形;小穗轴节间长 4~9 mm,密被白色柔毛;外稃先端渐尖呈芒状,具 11~13 脉,脉间小横脉明显,具微毛或近于无毛;花药紫色或黄带紫色。笋期 4~5 月。

用途:园艺。

17 箬叶竹 *Indocalamus longiauritus* Hand. -Mazz.

习性:竿直立,高 0.84~1 m。叶鞘坚硬,无毛或幼时背部贴生棕色小刺毛,外缘生纤毛;叶耳镰形,边缘有棕色放射状伸展的繸毛。圆锥花序形细长;花药长约 5 mm;柱头 2,羽毛状。颖果长椭圆形。花期 5~7 月,笋期 4~5 月。

用途:木材。

大名竹属 *Pleioblastus*

18 苦竹 *Pleioblastus amarus* (Keng) keng

习性:竿高 3~5 m,直立,竿壁厚约 6 mm;叶片椭圆状披针形。总状花序或圆锥花序;外稃卵状披针形;鳞被 3,卵形或倒卵形;花药淡黄色;子房狭窄,无毛,上部略呈三棱形;花柱短,柱头 3。成熟果实未见。笋期 6 月,花期 4~5 月。

用途:木材。

棕榈科(Palmae)

棕榈属 *Trachycarpus*

19　棕榈　*Trachycarpus fortunei*（Hook.）H. Wendl. *

习性:乔木状,高 3~10 m 或更高,花序粗壮,从叶腋抽出,通常是雌雄异株。果实阔肾形,有脐,成熟时由黄色变为淡蓝色,有白粉,柱头残留在侧面附近。花期 4 月,果期 12 月。

用途:木材,工业,食用,药用,观赏。

蒲葵属 *Livistona*

20　蒲葵　*Livistona chinensis*（Jacq.）R. Br. *

习性:乔木状,叶阔肾状扇形,花序呈圆锥状,粗壮,子房的心皮上面有深雕纹,果实椭圆形(如橄榄状),黑褐色。种子椭圆形,胚约位于种脊对面的中部稍偏下。花果期 4 月。

用途:木材,药用。

百合科(Liliaceae)

丝兰属 *Yucca*

21　凤尾丝兰　*Yucca gloriosa* Linn. *

习性:常绿灌木,叶剑形、坚硬。圆锥花序,花乳白色,下垂,钟形;果椭圆状卵形,下垂,不开裂;花期 9~10 月。

用途:观赏,园艺,木材。

菝葜属 *Smilax*

22　华东菝葜　*Smilax sieboldii* Miq.

习性:攀援灌木或半灌木,茎长 1~2 m;刺多半细长,针状,稍黑色,较少例外。叶草质,叶柄长 1~2 cm。伞形花序具几朵花;总花梗纤细。浆果直径 6~7 mm,熟时蓝黑色。花期 5~6 月,果期 10 月。

用途:观赏。

23　短梗菝葜　*Smilax scobinicaulis* C. H. Wright

习性:攀援灌木或半灌木,叶卵形或椭圆状卵形,干后有时变为黑褐色,基部钝或浅心形;叶柄长 5~15 mm。雌花具 3 枚退化雄蕊。浆果直径 6~9 mm。果期 10 月。

用途:药用。

24　菝葜　*Smilax china* L.

习性:攀援灌木根状茎粗厚,坚硬,为不规则的块状。叶薄革质或坚纸质,干后通常红褐色或近古铜色,圆形、卵形或其他形状;叶柄长 5~15 mm。伞形花序生于叶尚幼嫩的小枝上。浆果直径 6~15 mm,熟时红色,有粉霜。花期 2~5 月,果期 9~11 月。

用途:工业,食用,药用。

25　托柄菝葜　*Smilax discotis*

习性:灌木,茎长 0.5~3 m,疏生刺或近无刺。叶纸质,通常近椭圆形。伞形花序生于叶尚稍幼嫩的小枝上,通常具几朵花。浆果直径 6~8 mm,熟时黑色,具粉霜。花期 4~5 月,果期 10 月。

用途:绿化。

26　黑果菝葜　*Smilax glaucochina* Warb.

习性:攀援灌木,具粗短的根状茎。茎常疏生刺。叶厚纸质,通常椭圆形,下面苍白色;叶柄长 7~15(25) mm,约占全长的一半具鞘,有卷须,脱落点位于上部。伞形花序;花序托稍膨大,具小苞片;花绿黄色;浆果直径 7~8 mm,熟时黑色,具粉霜。花期 3~5 月,果期 10~11 月。

用途:食用,药用。

27　鞘柄菝葜　*Smilax stans* Maxim.

习性:落叶灌木或半灌木,茎长 0.5~4 m,通常疏生刺。叶厚纸质,通常椭圆形。伞形花序通常生于叶稍幼嫩的小枝上。浆果直径 7~8 mm,熟时黑色。花期 5~6 月,果期 10 月。

用途:园艺。

28　防己叶菝葜　*Smilax menispermoidea* A. DC.

习性:攀援灌木,叶纸质,卵形或宽卵形。伞形花序具几朵至十余朵花。

浆果直径 7~10 mm,熟时紫黑色。花期 5~6 月,果期 10~11 月。花期 5~6 月,果期 10~11 月。

用途:药用。

29 土茯苓 *Smilax glabra* Roxb.

习性:攀援灌木根状茎粗厚,块状,常由匍匐茎相连接。叶薄革质,狭椭圆状披针形至狭卵状披针形。伞形花序通常具十余朵花;内花被片近圆形,宽约 1 mm,边缘有不规则的齿。浆果直径 7~10 mm,熟时紫黑色,花期 7~11 月。

用途:药用,食用。

30 小叶菝葜 *Smilax microphylla* C. H. Wright

习性:灌木,叶革质,披针形、卵状披针形或近条状披针形;总花梗稍扁或近圆柱形,宽约 0.5 mm,常稍粗糙,明显短于叶柄;花淡绿色;雌花比雄花稍小,具 3 枚退化雄蕊。花期 6~8 月,果期 10~11 月。

用途:尚未引种。

31 短梗菝葜 *Smilax scobinicaulis* C. H. Wright

习性:花期 5 月,刺针状,稍黑色,茎上的刺有时较粗短。叶卵形或椭圆状卵形,干后有时变为黑褐色。总花梗很短,一般不到叶柄长度的一半。雌花具 3 枚退化雄蕊。浆果直径 6~9 mm。果期 10 月。

用途:药用。

32 小果菝葜 *Smilax davidiana*

习性:攀援灌木,具疏刺。叶坚纸质,干后红褐色,通常椭圆形。伞形花序生于叶尚幼嫩的小枝上;花序托膨大,具宿存的小苞片。浆果直径 5~7 mm,熟时暗红色。花期 3~4 月,果期 10~11 月。

用途:园艺。

33 黑叶菝葜 *Smilax nigrescens* F. T. Wang & C. L. Tang ex P. Y. Li

习性:攀援灌木,叶纸质,干后近黑色,通常卵状披针形或卵形,先端渐尖,基部近圆形至浅心形,下面通常苍白色,较少淡绿色。伞形花序具几朵至十余朵花。浆果直径 6~8 mm,成熟时蓝黑色。花期 4~6 月,果期 9~10 月。

用途:药用。

双子叶植物

杨柳科(Salicaceae)

杨属　*Populus*

1　银白杨　*Populus alba* L.

习性:乔木,树干不直,雌株更歪斜;树冠宽阔。树皮白色至灰白色,平滑,下部常粗糙。雄蕊 8~10,花丝细长,花药紫红色。蒴果细圆锥形。花期 4~5 月,果期 5 月。

用途:观赏。

2　毛白杨　*Populus tomentosa* Carr.

习性:乔木,树皮幼时暗灰色,壮时灰绿色,渐变为灰白色,老时基部黑灰色,纵裂,粗糙,干直或微弯,皮孔菱形散生,或 2~4 连生;树冠圆锥形至卵圆形或圆形。蒴果圆锥形或长卵形,2 瓣裂。花期 3 月,果期 4 月(河南,陕西)至 5 月(河北,山东)。

用途:木材,工艺,观赏。

3　河北杨　*Populus* × *hopeiensis* Hu & Chow

习性:乔木,树冠圆大。雄花序长约 5 cm,花序轴被密毛,苞片褐色,掌状分裂,裂片边缘具白色长毛;雌花序长 3~5 cm,花序轴被长毛,苞片赤褐色,边缘有长白毛;子房卵形,光滑,柱头 2 裂。蒴果长卵形,2 瓣裂,有短柄。花期 4 月,果期 5~6 月。

用途:木材,园林,早轮,水土保持。

4　截叶毛白杨　*Populus tomentosa* var. *truncata* Y. C. Fu et C. H. Wang

习性:乔木,树冠浓密,树皮灰绿色,光滑,皮孔菱形,小,多为 2 个以上横向连生,呈线形;短枝叶基部通常为截形,发叶较早,生长较原变种快。

用途:造林。

5　抱头毛白杨　*Populus tomentosa* var. *fastigiata* Y. H. Wang

习性:乔木。此变种主干明显,树冠狭长,侧枝紧抱主干。生长较快,23

年生树高 20 m,胸径 30 cm,根深冠窄不胁地,适农田林网及四旁绿化*。

用途:绿化。

6 山杨 *Populus davidiana* Dode

习性:乔木,树皮光滑灰绿色或灰白色,老树基部黑色粗糙;树冠圆形。花序轴有疏毛或密毛;雄花序长 5~9 cm,雄蕊 5~12,花药紫红色;雌花序长 4~7 cm;子房圆锥形,柱头 2 深裂,带红色。果序长达 12 cm;蒴果卵状圆锥形。花期 3~4 月,果期 4~5 月。

用途:工业,工艺,木材,食用,观赏,绿化。

7 楔叶山杨 *Populus davidiana* f. *laticuneata* Nakai

习性:乔木,叶卵圆形,宽菱状圆形,基部宽楔形。花期 3~4 月,果期 4~5 月。

用途:木材,药用。

8 响叶杨 *Populus adenopoda* Maxim.

习性:乔木,树皮灰白色,光滑,老时深灰色,纵裂;树冠卵形。小枝较细,暗赤褐色,被柔毛;老枝灰褐色,无毛。雄花序长 6~10 cm,苞片条裂。果序长 12~20(30) cm;花序轴有毛;蒴果卵状长椭圆形。种子倒卵状椭圆形,暗褐色。花期 3~4 月,果期 4~5 月。

用途:木材,工业。

9 响毛杨 *Populus* × *pseudotomentosa* C. Wang et Tung

习性:乔木,树皮灰白色,当年生枝紫褐色,光滑;芽卵形,先端急尖,富含树脂,有光泽,黄褐色芽无毛,有黏脂。叶卵形或卵状圆形,通常具 2 个明显腺点,边缘具内曲圆腺齿。花序轴有毛。果卵状长椭圆形,2 瓣裂,有短梗。当年生枝紫褐色,光滑。

用途:木材,工业。

10 椅杨 *Populus wilsonii* Schneid.

习性:乔木,树皮浅纵裂,呈片状剥裂,暗灰褐色;树冠阔塔形。小枝粗壮圆柱形,光滑,幼时紫色或暗褐色,具疏柔毛,老时灰褐色。芽肥大,卵圆形,红褐色或紫褐色,光滑,微具黏质。雌花序长约 7 cm。果序达 15 cm,轴有柔毛;蒴果卵形,具短柄,近光滑。花期 4~5 月,果期 5~6 月。

11 大叶杨 *Populus lasiocarpa* Oliv.

习性:乔木,树冠塔形或圆形;树皮暗灰色,纵裂。枝粗壮而稀疏,黄褐或稀紫褐色,有棱脊,嫩时被茸毛,或疏柔毛。雄花序长9~12 cm;花轴具柔毛;苞片倒披针形,光滑,赤褐色。果序长15~24 cm,轴具毛;蒴果卵形,密被茸毛。种子棒状,暗褐色,花期4~5月,果期5~6月。

用途:木材,工业。

12 小叶杨 *Populus simonii* Carr.

习性:乔木,树皮幼时灰绿色,老时暗灰色,沟裂;树冠近圆形。幼树小枝及萌枝有明显棱脊,常为红褐色,后变黄褐色,雄花序长2~7 cm,花序轴无毛,苞片细条裂,雄蕊8~9(25);苞片淡绿色,裂片褐色,无毛,柱头2裂。果序长达15 cm;蒴果小,2 (3)瓣裂,无毛。花期3~5月,果期4~6月。

用途:绿化,工业,木材。

13 小青杨 *Populus pseudosimonii* Kitag.

习性:乔木,树冠广卵形。树皮灰白色;芽较长,黄红色,有黏性。叶椭圆状卵形、广卵形或菱状卵圆形,长5.3~9 cm。幼枝有棱,花期3~4月,果期4~5(6)月。

用途:工业。

14 欧洲大叶杨 *Populus candicans* Aiton *

习性:乔木,枝粗壮而开展;树冠宽阔;小枝圆筒形,栗色,有茸毛。芽大,多黏质。枝粗壮。小枝圆筒形。果序长至16 cm,轴密被毛;蒴果卵圆形,具柄,2瓣裂,常不育。未见雄株。

用途:工业,木材,绿化,观赏。

15 青杨 *Populus cathayana* Rehd.

习性:乔木,树冠阔卵形;树皮初光滑,灰绿色,老时暗灰色,沟裂。枝圆柱形,有时具角棱,幼时橄榄绿色,后变为橙黄色至灰黄色,无毛。芽长圆锥形,多黏质。雄花序长5~6 cm;雌花序长4~5 cm;果序长10~15(20)cm。蒴果卵圆形,常3~4瓣裂。花期3~5月,果期5~7月。

用途:工业,木材,绿化。

16　宽叶青杨　*Populus cathayana* var. *latifolia* (C. Wang et C. Y. Yu) C. Wang et Tung

习性:乔木,此变型叶宽卵形或圆状卵形,先端短而扭曲。

用途:工业,木材,绿化。

17　冬瓜杨　*Populus purdomii* Rehd.

习性:乔木,树皮幼时灰绿色,老时暗灰色,纵裂,呈片状;树冠圆形。小枝圆柱形,无毛,浅黄褐色或灰色。芽急尖,无毛,有黏质。果序长 11(13) cm,无毛;蒴果球状卵形,长约 7 mm,无梗或近无梗,(2) 3~4 瓣裂。花期 4~5 月,果期 5~6 月。

用途:木材,造纸。

18　钻天杨　*Populus nigra* var. *italica* (Moench) Koehne

习性:乔木,树皮暗灰褐色,老时沟裂,黑褐色;树冠圆柱形。小枝圆,光滑,黄褐色或淡黄褐色,嫩枝有时疏生短柔毛。芽长卵形,淡红色,富黏质。雄花序长 4~8 cm,花序轴光滑,雄蕊 15~30;雌花序长 10~15 cm。蒴果 2 瓣裂,先端尖,果柄细长。花期 4 月,果期 5 月。

用途:园林,育种。

19　箭杆杨　*Populus nigra* var. *thevestina* (Dode) Bean

习性:乔木,此变种树冠更为狭窄;树皮灰白色,较光滑。叶较小,基部楔形;萌枝叶长宽近相等。只见雌株,有时出现两性花。

用途:药用,观赏,园林。

柳属　Salix

20　腺柳　*Salix chaenomeloides* Kimura

习性:小乔木,枝暗褐色或红褐色,有光泽。雄花序长 4~5 cm,花序梗和轴有柔毛;苞片小,卵形;雄蕊花丝长为苞片的 2 倍;苞片椭圆状倒卵形,与子房柄等长或稍短;蒴果卵状椭圆形,长 3~7 mm。花期 4 月,果期 5 月。

用途:工业,木材,工艺,食用,蜜源,观赏。

21　腺叶腺柳　*Salix chaenomeloides* var. *glandulifolia*（C. Wang et C. Y. Yu）C. F. Fa

习性：小乔木，叶柄上端的腺体成小叶片状；叶宽椭圆形或椭圆形，基部圆形，稀心形；托叶大，耳形或半圆形，长达 1 cm，边缘有锯齿。花期 4 月，果期 5 月。

用途：尚未引种。

22　紫柳　*Salix wilsonii* Seemen

习性：乔木，花与叶同时开放；花序梗长 1~2 cm，有 3(5) 小叶；雄花序长 (2.5)~6 cm，疏花，轴密生白柔毛；雄蕊 3~5(6)；苞片椭圆形，中、下部多少有柔毛和缘毛；花有背腺和腹腺，常分裂；蒴果卵状长圆形，花期 3 月底或 4 月上旬，果期 5 月。

用途：园林，工艺，木材。

23　五蕊柳　*Salix pentandra* L.

习性：灌木或乔木，树皮灰色或灰褐色；一年生枝褐绿色，灰绿色或灰棕色，无毛，有光泽。芽卵形或披针形，披针状长圆形，发粘，有光泽。雄花有背腺和腹腺，离生，背腺棒形，腹腺略短小；雌花序长 2~6 cm；子房卵状圆锥形；蒴果卵状圆锥形。花期 6 月，果期 8~9 月。

用途：工业，木材，工艺，蜜源。

24　三蕊柳　*Salix. triandra* L.

习性：灌木或乔木，树皮暗褐色或近黑色，有沟裂；小枝褐色或灰绿褐色，幼枝稍有短柔毛。芽卵形，褐色，紧贴枝上。叶柄常在其上部有 2 腺点；花序与叶同时开放，苞片长圆形，为子房的 1/2，两面有疏短柔毛，或外面近无毛；腺体 2，一般背腺较小，常比子房柄短。4 月开花，5 月结果。

用途：工业，蜜源，绿化。

25　旱柳　*Salix matsudana* Koidz.

习性：落叶乔木，大枝斜上，树冠广圆形；树皮暗灰黑色，有裂沟。芽微有短柔毛。花序与叶同时开放；苞片卵形，黄绿色，先端钝，基部多少有短柔毛。

用途：工业，蜜源，工艺，食用，绿化。

26 龙爪柳 *Salix matsudana* f. *tortuosa* (Vilm.) Rehd. *

习性:乔木,枝卷曲,树冠发达。株高可达 3 m,小枝绿色或绿褐色,不规则扭曲;叶互生,线状披针形,细锯齿缘,叶背粉绿,全叶呈波状弯曲;单性异株,柔荑花序,蒴果。

用途:绿化。

27 馒头柳 *Salix matsudana* f. *umbraculifera* Rehd. *

习性:乔木,大枝斜上,树冠半圆形,如同馒头。树皮暗灰黑色,有裂沟;枝细长,直立或斜展,浅褐黄色或带绿色,后变褐色,无毛,幼枝有毛。芽微有短柔毛。花序与叶同时开放;雄花序圆柱形,果序长达 2(2.5) cm。花期 4 月,果期 4~5 月。

用途:绿化,饲料。

28 垂柳 *Salix babylonica* L.

习性:乔木,树冠开展而疏散。树皮灰黑色,不规则开裂;枝细,下垂,淡褐黄色、淡褐色或带紫色,无毛。芽线形,先端急尖。花药红黄色;苞片披针形,外面有毛;蒴果长 3~4 mm,带绿黄褐色。花期 3~4 月;果熟期 4~6 月。

用途:园艺,绿化,工业,食用,工艺。

29 多枝柳 *Salix polyclona* Schneid. *

习性:灌木,分枝多。花序梗具 2~3 叶;雄蕊 2;苞片倒卵形,内面被疏微毛;腹腺 1,棒形;雌花序花密集,轴具柔毛,基部有 2~3 个叶;子房卵状长圆形;苞片褐色,两面有柔毛,边缘具长缘毛;腹腺 1,长圆形。蒴果卵状圆锥形,有短柄花期 5 月,果期 6 月。

用途:工业,食用,工艺。

30 中华柳 *Salix cathayana* Diels

习性:灌木,多分枝,雄花序长 2~3.5 cm,粗 6~8 mm,密花,花序梗有长柔毛,长 5~15 mm,通常具 3 叶,稀 3 枚以上;雄蕊 2,花丝下部有疏长柔毛,长为苞片的 2~3 倍,花药黄色,宽椭圆形或近球形;蒴果近球形,无柄或近无柄。花期 5 月,果期 6~7 月。

用途:药用。

31 紫枝柳 *Salix heterochroma* Seemen

习性:灌木或小乔木,枝深紫红色或黄褐色,雄花序轴有绢毛;雄蕊 2,花丝具疏柔毛，长为苞片的2倍；腺体倒卵圆形，苞片披针形至椭圆形，有毛；蒴果卵状长圆形，先端尖，被灰色柔毛。花期4~5月，果期5~6月。

用途：工业，木材，工艺，蜜源，观赏，食用。

32 匙叶柳 *Salix spathulifolia* Seemen

习性：灌木，花后叶开放，花序梗明显，具有2~4个正常叶；雄蕊2，离生，花丝中、下部有柔毛；苞片同雄花；腺体1，卵形，腹生。蒴果卵状长圆形，被灰白色柔毛，无柄或有短柄。花期6月上中旬，果期7月中旬。

用途：工业，木材，工艺，蜜源，观赏，食用。

33 中国黄花柳 *Salix sinica* (Hao) C. Wang et C. F. Fang

习性：灌木或小乔木，花先叶开放；雄花序无梗，宽椭圆形至近球形，长2~2.5 cm，粗1.8~2 cm，开花顺序，自上往下；花药黄色，蒴果线状圆锥形，长达6 mm，果柄与苞片几等长。花期4月下旬，果期5月下旬。

用途：工业，木材，工艺，蜜源，观赏，食用。

34 皂柳 *Salix wallichiana* Anderss.

习性：灌木或乔木，小枝红褐色、黑褐色或绿褐色，初有毛后无毛。芽卵形，有棱，先端尖，常外弯，红褐色或栗色，无毛。花序先叶开放或近同时开放，无花序梗，腺体同雄花。蒴果长可达9 mm，有毛或近无毛，开裂后，果瓣向外反卷。花期4月中下旬至5月初，果期5月。

用途：工艺，药用。

35 密齿柳 *Salix characta* Schneid.

习性：灌木；芽卵圆形，黄红色。雄花具2雄蕊，花丝无毛；苞片椭圆形或长圆形，先端急尖或钝，褐色，两面被长毛；腹腺1，条形，长为苞片的一半；蒴果长约4 mm，下部稍有毛，有柄。花期5月上中旬，果期6~7月。

用途：工业，木材，工艺，蜜源，观赏，食用。

36 川柳 *Salix hylonoma* Schneid.

习性：小乔木，幼枝红棕色，花与叶同时开放，或稍先叶开放，花序通常长3~4(6)cm，粗约6 mm，呈现金色光泽，几无花序梗；雄蕊2，花药红紫色，广椭圆形；雌花序长5~7 cm；子房卵形发红色，花柱2裂明显；苞片、腺体同雄花。蒴果有短柄，具疏柔毛，长4 mm。

用途：工业，工艺，食用，蜜源，观赏。

37 毛枝柳 *Salix dasyclados* Wimm.

习性:灌木或乔木,树皮褐色或黄褐色。小枝褐色,有灰白色长柔毛或近无毛。花序先叶开放,较大,几无花序梗;雄花序较长,长达 2.5~4 cm,径约 1.8 cm;雄蕊 2,花丝离生,无毛,花药黄色;苞片 2 色,先端黑色,有长毛;花期 4 月,果期 5 月。

用途:园林,园艺,工艺。

38 山毛柳 *Salix permollis* C. Wang et C. Y. Yu

习性:乔木,叶对生,稀近对生,花几与叶同时开放;雌花序对生,长 3.5~4.5 cm,粗约 7 mm,花序轴具柔毛,无花序梗,基部具 2 个两面密被白色长毛的线状小鳞片;蒴果卵状长圆形,具柔毛。雄株未见。果期 4 月。

用途:园林。

39 簸箕柳 *Salix suchowensis* Cheng

习性:灌木,小枝淡黄绿色或淡紫红色,强韧。花先叶开放,花序长 3~4 cm,无梗或近无梗,基部具鳞片,轴密被灰茸毛;苞片长倒卵形,褐色,先端钝圆,色较暗,外面有长柔毛;花期 3 月,花药黄色;蒴果有毛。果期 4~5 月。

用途:工艺,园林。

40 乌柳 *Salix cheilophila* Schneid.

习性:灌木或小乔木,枝灰黑色,花序与叶同时开放,近无梗,基部具 2~3 小叶;雄花序长 1.5~2.3 cm,密花;雄蕊 2,完全合生,花丝无毛,花药黄色,4 室;苞片倒卵状长圆形,先端钝或微缺,基部具柔毛;腺体同雄花。蒴果长 3 mm。花期 4~5 月,果期 5 月。

用途:药用。

41 庙王柳 *Salix biondiana* Seemen ex Diels

习性:灌木,稀为小乔木,小枝深褐色,有光泽。芽淡红褐色,光滑。雄花序长 1.5 cm,有花序梗,雄蕊 2,花丝基部具长毛,比苞片稍长;苞片长圆形或倒卵状长圆形,腺体 2,狭长圆形;雌花序圆柱形,轴具褐色短柔毛;柱头卵形;苞片长为子房的一半,仅有 1 腹腺。蒴果卵状圆锥形。花期 4 月,果熟期 5 月。

用途:工业,木材,工艺,食用,蜜源,观赏。

42 黄花柳 *Salix caprea L.*

习性:灌木或小乔木,花先叶开放;雄花序椭圆形或宽椭圆形,长 1.5~2.5

cm,粗约 1.6 cm,无花序梗;雄蕊 2,花丝细长,离生,花药黄色,长圆形;受粉后,子房发育非常迅速;苞片和腺体同雄花。蒴果长可达 9 mm。花期 4 月下旬至 5 月上旬,果期 5 月下旬至 6 月初。

用途:工业。

43 崖柳 *Salix floderusii* Nakai

习性:灌木,稀小乔木。花先叶开放或近与叶同时开放,无花序梗,轴有毛;雄花序长 1.8~2.5 cm,粗 1~1.3 cm;雄蕊 2,花丝无毛,花药黄色;腺体同雄花。蒴果卵状圆锥形,有绢毛。花期 5 月,果期 6 月。

用途:尚未引种。

胡桃科(Juglandaceae)

化香树属 *Platycarya*

44 化香树 *Platycarya strobilacea* Sieb. et Zucc.

习性:落叶小乔木,高 2~6 m,树皮灰色,叶对生或生于下端者偶尔有互生,卵状披针形至长椭圆状披针形,两性花序和雄花序在小枝顶端排列成伞房状花序束,两性花序通常 1 条,着生于中央顶端,雌花序位于下部,雄花序部分位于上部,果序球果状,卵状椭圆形至长椭圆状圆柱形,果实小坚果状,种子卵形。花期 5~6 月,果期 7~8 月。

用途:木材,工业。

青钱柳属 *Cyclocarya*

45 青钱柳 *Cyclocarya paliurus* (Batal.) Iljinsk.

习性:乔木,高达 10~30 m,树皮灰色,奇数羽状复叶,具 7~9(稀 5 或 11)小叶,小叶近于对生或互生,长椭圆状卵形至阔披针形,雄性葇荑花序 3 条或稀 2~4 条成一束生于长约 3~5 mm 的总梗上,总梗自 1 年生枝条的叶痕腋内生出,雌性葇荑花序单独顶生,果实扁球形。花期 4~5 月,果期 7~9 月。

用途:工业,木材。

枫杨属 *Pterocarya*

46 枫杨 *Pterocarya stenoptera* C. DC.

习性：大乔木，高达 30 m，胸径达 1 m，叶多为偶数或稀奇数羽状复叶，小叶 10～16 枚（稀 6～25 枚），对生或稀近对生，长椭圆形至长椭圆状披针形，雄性葇荑花序单独生于去年生枝条上叶痕腋内，雌性葇荑花序顶生，果实长椭圆形。花期 4～5 月，果熟期 8～9 月。

用途：工业，食用。

47 湖北枫杨 *Pterocarya hupehensis* Skan

习性：乔木，高 10～20 m，奇数羽状复叶，小叶 5～11 枚，侧脉 12～14 对，侧生小叶对生或近于对生，长椭圆形至卵状椭圆形，雄花序 3～5 条各由去年生侧枝顶端以下的叶痕腋内的诸裸芽发出，雌花序顶生。果翅阔，椭圆状卵形。花期 4～5 月，果熟期 8～9 月

用途：木材，工业，绿化。

胡桃属 *Juglans*

48 胡桃楸 *Juglans mandshurica* Maxim.

习性：乔木，高达 20 余米，树冠扁圆形，树皮灰色，具浅纵裂，奇数羽状复叶，小叶 9～17 枚，椭圆形至长椭圆形或卵状椭圆形至长椭圆状披针形，侧生小叶对生，雄性葇荑花序，雌性穗状花序具 4～10 雌花，果实球状、卵状或椭圆状。花期 5 月，果期 8～9 月。

用途：食用，木材，工业，药用。

49 胡桃 *Juglans regia* L. *

习性：乔木，高达 20～25 m，奇数羽状复叶，小叶通常 5～9 枚，椭圆状卵形至长椭圆形，雄性葇荑花序下垂，雌性穗状花序通常具 1～3(4) 雌花。果实近于球状。花期 5 月，果期 10 月。

用途：食用，木材。

50 黑胡桃 *Juglans nigra* L. *

习性：落叶乔木，高可达 30 m 以上，树干具纵深裂，果圆形，壳坚厚，难开裂。

用途：木材。

山核桃属 *Carya*

51　美国山核桃　*Carya illinoinensis*（Wangenheim）K. Koch *

习性：大乔木，高达 50 m，胸径 2 m，树皮粗糙，深纵裂，奇数羽状复叶，小叶卵状披针形至长椭圆状披针形，自去年生小枝顶端或当年生小枝基部的叶痕腋内生出。雄性葇荑花序 3 条 1 束，雌性穗状花序直立，具 3～10 朵雌花。果实矩圆状或长椭圆形。5 月开花，9～11 月果成熟。

用途：食用，园林，木材，工业。

52　山核桃　*Carya cathayensis* Sarg.

习性：乔木，高达 10～20 m，胸径 30～60 cm，树皮平滑，灰白色，光滑，复叶，有小叶 5～7 枚，侧生小叶对生，披针形或倒卵状披针形，雄性葇荑花序 3 条成 1 束，总柄自当年生枝的叶腋内或苞腋内生出。雌性穗状花序直立，具 1～3 雌花。果实倒卵形，果核倒卵形或椭圆状卵形。4～5 月开花，9 月果成熟。

用途：食用，工业，木材。

桦木科(Betulaceae)

榛属 *Corylus*

53　榛　*Corylus heterophylla* Fisch. ex Trautv.

习性：灌木或小乔木，高 1～7 m，树皮灰色，叶矩圆形或宽倒卵形，雄花序单生，果单生或 2～6 枚簇生成头状，果苞钟状，密被腺体。坚果近球形。

用途：食用。

54　川榛　*Corylus heterophylla* Fisch. var. sutchuenensis Franch.

习性：落叶大灌木或小乔木，树高 3～7 m。叶近圆形，倒卵形，椭圆形，雄花序着生于小枝的上部叶腋，果苞裂片的边缘具疏齿。坚果圆球形。

用途：食用。

55　华榛　*Corylus chinensis* Franch.

习性：乔木，树皮灰褐色，雄花序2～8枚排成总状；苞鳞三角形，锐尖，顶端具1枚易脱落的刺状腺体。果2～6枚簇生成头状，长2～6 cm；果苞管状，坚果球形，无毛。

用途：木材，食用。

56　披针叶榛　*Corylus fargesii* Schneid.

习性：小乔木，树皮暗灰色，呈鳞片状剥裂；果数枚簇生，果苞管状，在果的上部急骤缢缩，无纵肋或有不明显的纵肋，密被黄色茸毛，有时疏生刺状腺体，上部浅裂，裂片三角形或披针形，反折。坚果球形，直径1～1.5 cm。

用途：木材，食用。

虎榛子属　*Ostryopsis*

57　虎榛子　*Ostryopsis davidiana* Decne.

习性：灌木，树皮浅灰色；枝条灰褐色，无毛，密生皮孔；雄花序单生于小枝的叶腋，倾斜至下垂，短圆柱形；花序梗不明显；果4枚至多枚排成总状，下垂，着生于当年生小枝顶端；果梗短（有时不明显）；苞片管状，密被柔毛，花期4～5月，果期6～7月。

用途：木材，食用，工业。

鹅耳枥属　*Carpinus*

58　千金榆　*Carpinus cordata* Bl.

习性：乔木，树皮灰色；小枝棕色或橘黄色，叶厚纸质，侧脉15～20对。果序长5～12 cm；序梗无毛或疏被短柔毛；果苞宽卵状矩圆形，长15～25 mm，宽10～13 mm，小坚果矩圆形，具不明显的细肋。

用途：木材，观赏。

59　毛叶千金榆　*Carpinus cordata* Bl. var. *mollis*（Rehd.）Cheng ex Chen

习性：乔木，高约15 m；树皮灰色；小枝棕色或橘黄色，具沟槽，初时疏被长柔毛，后变无毛，叶背密被短柔毛。

用途:观赏。

60 多脉鹅耳枥 *Carpinus polyneura* Franch.

习性:乔木,树皮灰色;小枝细瘦,暗紫色,光滑或疏被白色短柔毛。果序长 3~6 cm;序梗细瘦;序梗、序轴疏被短柔毛;果苞半卵形或半卵状披针形,侧脉 16~20 对。小坚果卵圆形,被或疏或密的短柔毛,顶端被长柔毛,具数肋。

用途:观赏。

61 鹅耳枥 *Carpinus turczaninowii* Hance

习性:乔木,树皮暗灰褐色,粗糙,浅纵裂;枝细瘦,灰棕色,无毛;叶卵形,侧脉 8~12 对。果序长 3~5 cm;序梗长 10~15 mm,序梗、序轴均被短柔毛;果苞变异较大,小坚果宽卵形,长约 3 mm,无毛,有时顶端疏生长柔毛,无或有时上部疏生树脂腺体。

用途:木材,食用。

62 小叶鹅耳枥 *Carpinus turczaninowii* Hance var. *stipulata* (H. Winkl.) H. Winkl.

习性:乔木,此变种叶较小,叶缘具单锯齿。

用途:观赏。

63 湖北鹅耳枥 *Carpinus hupeana* Hu

习性:乔木,树皮淡灰棕色;枝条灰黑色有小而凸起的皮孔,叶缘具重锯齿,侧脉(11)13~16 对。果序长 6~7 cm,直径 2~3 cm;序梗长 15~20 mm,序梗、序轴均密被长柔毛;果苞半卵形,小坚果宽卵圆形,除顶部疏生长柔毛外,其余无毛,无腺体。

用途:观赏。

64 雷公鹅耳枥 *Carpinus viminea* Wall.

习性:乔木,树皮深灰色;小枝棕褐色,密生白色皮孔,无毛。果序下垂;序梗疏被短柔毛;序轴纤细,无毛;果苞内外侧基部均具裂片,近无毛;小坚果宽卵圆形,长 3~4 mm,无毛,有时上部疏生小树脂腺体和细柔毛,具少数细肋。

用途:木材。

65　昌化鹅耳枥　*Carpinus tschonoskii* Maxima.

习性:乔木,树皮暗灰色;小枝褐色,叶缘具刺毛状重锯齿,侧脉 14~16 对。小坚果宽卵圆形,长 4~5 mm,顶端疏被长柔毛,有时具树脂腺体。

用途:尚未引种。

铁木属　*Ostrya*

66　铁木　*Ostrya japonica* Sarg.

习性:乔木,树皮暗灰色,粗糙,纵裂;树皮暗灰色,粗糙,纵裂;总装果序,果苞膜质。雄花序单生叶腋间或 2~4 枚聚生,下垂;花序梗短;苞鳞宽卵形,具短尖,边缘密生短纤毛。果 4 至多枚聚生成直立或下垂的总状果序,生于小枝顶端。

用途:木材。

桤木属　*Alnus*

67　桤木　*Alnus cremastogyne* Burk.

习性:乔木,高达 30~40 m,树皮灰色,平滑,叶倒卵形、倒卵状矩圆形、倒披针形或矩圆形,雄花序单生,果序单生于叶腋,矩圆形。小坚果卵形。

用途:木材。

68　日本桤木　*Alnus japonica*（Thunb.）Steud.

习性:乔木,一般高 6~15 m,较少高达 20 m,树皮灰褐色,平滑,短枝上的叶倒卵形或长倒卵形,长枝上的叶披针形,雄花序 2~5 枚排成总状,果序矩圆形,小坚果卵形或倒卵形。果翅厚纸质。

用途:造林树种。

桦木属　*Betula*

69　白桦　*Betula platyphylla* Suk.

习性:乔木,高可达 27 m,树皮灰白色,成层剥裂,叶三角状卵形、三角状菱形、三角形,少有菱状卵形和宽卵形,果序单生,圆柱形或矩圆状圆柱形,小坚果狭矩圆形、矩圆形或卵形。

用途:木材,园林。

70 坚桦 *Betula chinensis* Maxim.

习性:灌木或小乔木,一般高 2~5 m,树皮黑灰色,纵裂或不开裂,卵形、宽卵形、较少椭圆形或矩圆形,果序单生,通常近球形,较少矩圆形,小坚果宽倒卵形。

用途:木材,工业。

71 亮叶桦 *Betula luminifera* H. Winkl.

习性:乔木,树皮红褐色或暗黄灰色,平滑。叶矩圆形、宽矩圆形、矩圆披针形等,雄花序 2~5 枚簇生于小枝顶端或单生于小枝上部叶腋,果序大多单生,间或在一个短枝上出现两枚单生于叶腋的果序,长圆柱形,小坚果倒卵形。

用途:木材,工业。

72 糙皮桦 *Betula utilis* D. Don

习性:乔木,高可达 33 m,树皮暗红褐色,呈层剥裂。叶卵形、长卵形至椭圆形或矩圆形,果序全部单生或单生兼有 2~4 枚排成总状,圆柱形或矩圆状圆柱形,小坚果倒卵形。

用途:木材,工业。

73 红桦 *Betula albosinensis* Burk.

习性:大乔木,高可达 30 m,树皮淡红褐色或紫红色,纸质有光泽和白粉,呈薄层状剥落。叶卵形或卵状矩圆形,雄花序圆柱形,果序圆柱形,单生或同时具有 2~4 枚排成总状,小坚果卵形。

用途:木材,工业。

壳斗科(Fagaceae)

水青冈属 *Fagus*

74 米心水青冈 *Fagus engleriana* Seem.

习性:乔木,高达 25 m,叶菱状卵形,壳斗裂瓣长 15~18 mm,位于壳壁下部的小苞片狭倒披针形,叶状,绿色,有中脉及支脉,无毛,位于上部的为线状而弯钩,被毛,每壳斗有坚果 2 个,稀 3 个,坚果脊棱的顶部有狭而稍下延的薄翅。花期 4~5 月,果当年 8~10 月成熟。

用途:木材。

75 水青冈 *Fagus longipetiolata* Seem.

习性:乔木,高达 25 m,壳斗 4(3)瓣裂,裂瓣长 20~35 mm,小苞片线状,向上弯钩,位于壳斗顶部的长达 7 mm,下部较短,通常有坚果 2 个,坚果比壳斗裂瓣稍短或等长,脊棱顶部有狭而略伸延的薄翅。果期 9~10 月。

用途:木材。

栗属 *Castanea*

76 栗 *Castanea mollissima* Bl.

习性:乔木,高达 20 m,胸径 80 cm,叶椭圆至长圆形,雄花 3~5 朵聚生成簇,雌花 1~3(5)朵发育结实,成熟壳斗的锐刺有长有短,有疏有密,密时全遮蔽壳斗外壁,疏时则外壁可见。花期 4~6 月,果期 8~10 月。

用途:食用。

77 茅栗 *Castanea seguinii* Dode

习性:小乔木或灌木状,通常高 2~5 m,叶倒卵状椭圆形或兼有长圆形的叶,雄花簇有花 3~5 朵,雌花单生或生于混合花序的花序轴下部,每壳斗有雌花 3~5 朵,壳斗外壁密生锐刺,宽略过于高。花期 5~7 月,果期 9~11 月。

用途:食用,木材。

栎属 *Quercus*

78 栓皮栎 *Quercus variabilis* Bl.

习性:落叶乔木,高达 30 m,胸径达 1 m 以上,树皮黑褐色,深纵裂,叶片卵状披针形或长椭圆形,雄花序轴密被褐色茸毛,雌花序生于新枝上端叶腋。壳斗杯形,包着坚果 2/3,坚果近球形或宽卵形。花期 3~4 月,果期翌年 9~10 月。

用途:木材。

79 麻栎 *Quercus acutissima* Carruth.

习性:落叶乔木,高达 30 m,胸径达 1 m,树皮深灰褐色,深纵裂。叶片形态多样,通常为长椭圆状披针形,雄花序常数个集生于当年生枝下部叶腋,有花 1~3 朵,壳斗杯形,包着坚果约 1/2,坚果卵形或椭圆形。花期 3~4 月,果期翌年 9~10 月。

用途:木材,食用,工业。

80 小叶栎 *Quercus chenii* Nakai

习性:落叶乔木,高达 30 m,树皮黑褐色,纵裂。叶片宽披针形至卵状披针形,雄花序轴被柔毛。壳斗杯形,包着坚果约 1/3,坚果椭圆形。花期 3~4 月,果期翌年 9~10 月。

用途:木材。

81 枹栎 *Quercus serrata* Thunb.

习性:落叶乔木,高达 25 m,树皮灰褐色,深纵裂。叶,倒卵形或倒卵状椭圆形,雄花序轴密被白毛,壳斗杯状,包着坚果 1/4~1/3,坚果卵形至卵圆形。花期 3~4 月,果期翌年 9~10 月。

用途:木材,食用,工业。

82 槲栎 *Quercus aliena* Bl.

习性:落叶乔木,高达 30 m,树皮暗灰色,深纵裂。叶片长椭圆状倒卵形至倒卵形,雄花单生或数朵簇生于花序轴,雌花序生于新枝叶腋,单生或 2~3 朵簇生。壳斗杯形,包着坚果约 1/2,坚果椭圆形至卵形。花期 4~5 月,果期 9~10 月。

用途:木材。

83 槲树 *Quercus dentata* Thunb.

习性:落叶乔木,高达 25 m,树皮暗灰褐色,深纵裂。叶片倒卵形或长倒卵形,雄花序生于新枝叶腋,花数朵簇生于花序轴上,雌花序生于新枝上部叶腋,壳斗杯形,包着坚果 1/2~1/3,坚果卵形至宽卵形。花期 4~5 月,果期 9~10 月。

用途:木材,食用,药用。

84 蒙古栎 *Quercus mongolica* Fisch. ex Ledeb.

习性:落叶乔木,高达 30 m,树皮灰褐色,纵裂,叶片倒卵形至长倒卵形,雄花序生于新枝下部,雌花序生于新枝上端叶腋,有花 4~5 朵,壳斗杯形,包着坚果 1/3~1/2,坚果卵形至长卵形。花期 4~5 月,果期 9 月。

用途:木材,食用。

85 橿子栎 *Quercus baronii* Skan

习性:半常绿灌木或乔木,高达 15 m,叶片卵状披针形,雄花序轴被茸毛,雌花序具 1 至数朵花。壳斗杯形,包着坚果 1/2~2/3,坚果卵形或椭圆形。花期 4 月,果期翌年 9 月。

用途:木材,工业。

86 匙叶栎 *Quercus dolicholepis* A. Camus

习性:常绿乔木,高达 16 m。叶片倒卵状匙形、倒卵状长椭圆形,雄花序轴被苍黄色茸毛。壳斗杯形,包着坚果 2/3~3/4,坚果卵形至近球形。花期 3~5 月,果期翌年 10 月。

用途:木材,工业。

87 岩栎 *Quercus acrodonta* Seem.

习性:常绿乔木,高达 15 m,叶片椭圆形、椭圆状披针形或长倒卵形,雌花序生于枝顶叶腋,着生 2~3 朵花,壳斗杯形,包着坚果 1/2,坚果长椭圆形。花期 3~4 月,果期 9~10 月。

用途:木材。

88 巴东栎 *Quercus engleriana* Seem.

习性:常绿或半常绿乔木,高达 25 m,胸径达 80 cm,树皮灰褐色,条状开裂。叶片椭圆形、卵形、卵状披针形,雄花序生于新枝基部,雌花序生于新枝上端叶腋,壳斗碗形,包着坚果 1/3~1/2,坚果长卵形。花期 4~5 月,果期 11 月。

用途:木材,工业。

89 乌冈栎 *Quercus phillyraeoides* A. Gray

习性:常绿灌木或小乔木,高达 10 m,叶倒卵形或窄椭圆形,雄花序轴被黄褐色茸毛,壳斗杯形,包着坚果 1/2~2/3,坚果长椭圆形。花期 3~4 月,果期 9~10 月。

用途:木材,食用。

青冈属 *Cyclobalanopsis*

90 青冈 *Cyclobalanopsis glauca*（Thunb.）Oerst.

习性:常绿乔木,高达 20 m,胸径可达 1 m。叶倒卵状椭圆形或长椭圆形,雄花序轴被苍色茸毛。壳斗碗形,包着坚果 1/3~1/2,坚果卵形、长卵形或椭圆形。花期 4~5 月,果期 10 月。

用途:木材,食用,工业。

榆科(Ulmaceae)

榆属 *Ulmus*

91 大果榆 *Ulmus macrocarpa* Hance

习性:落叶乔木或灌木,高达 20 m,胸径可达 40 cm,树皮暗灰色或灰黑色,纵裂,粗糙,叶宽倒卵形、倒卵状圆形、倒卵状菱形或倒卵形,花在去年生枝上排成簇状聚伞花序或散生于新枝的基部,翅果宽倒卵状圆形、近圆形或宽椭圆形。花果期 4~5 月。

用途:木材,药用。

92 脱皮榆 *Ulmus lamellosa* T. Wang et S. L. Chang ex L. K. Fu

习性:落叶小乔木,高 8~12 m,胸径 15~20 cm,树皮灰色或灰白色,叶倒卵形,花常自混合芽抽出,花春季与叶同时开放,翅果常散生于新枝的近基部,圆形至近圆形。

用途:园林绿化。

93 裂叶榆 *Ulmus laciniata* (Trautv.) Mayr

习性:落叶乔木,高达 27 m,胸径 50 cm,树皮淡灰褐色或灰色,浅纵裂,叶倒卵形、倒三角状、倒三角状椭圆形或倒卵状长圆形,花在去年生枝上排成簇状聚伞花序,翅果椭圆形或长圆状椭圆形。花果期 4~5 月。

用途:木材。

94 兴山榆 *Ulmus bergmanniana* Schneid.

习性:落叶乔木,高达 26 m,胸径 90 cm,树皮灰白色、深灰色或灰褐色,纵裂,粗糙;叶椭圆形、长圆状椭圆形、长椭圆形、倒卵状矩圆形或卵形,花在去年生枝上排成簇状聚伞花序,翅果宽倒卵形、倒卵状圆形、近圆形或长圆状圆形。花果期 3~5 月。

用途:木材。

95 榆树 *Ulmus pumila* L.

习性:落叶乔木,高达 25 m,胸径 1 m,叶椭圆状卵形、长卵形、椭圆状披针形或卵状披针形,花在去年生枝的叶腋成簇生状,翅果近圆形,稀倒卵状圆形。花果期 3~6 月(东北较晚)。

用途:木材,食用,工艺,药用和轻化工业用。

96　黑榆　*Ulmus davidiana* Planch.

习性:落叶乔木或灌木状,高达 15 m,胸径 30 cm,树皮浅灰色或灰色,纵裂成不规则条状,叶倒卵形或倒卵状椭圆形,花在去年生枝上排成簇状聚伞花序。翅果倒卵形或近倒卵形,果翅无毛,果核密被毛。花果期 4~5 月。

用途:木材,工艺,造林。

97　春榆　*Ulmus davidiana* var. *japonica* (Rehd.) Nakai

习性:落叶乔木或灌木状,高达 15 m,胸径 30 cm,叶倒卵形或倒卵状椭圆形,花在去年生枝上排成簇状聚伞花序。翅果倒卵形或近倒卵形。春榆与黑榆的区别在于翅果无毛,树皮色较深。花果期 4~5 月。

用途:木材,工艺,造林。

98　旱榆　*Ulmus glaucescens* Franch.

习性:落叶乔木或灌木状,高可达 18 m,树皮浅纵裂,叶卵形、菱状卵形、椭圆形、长卵形或椭圆状披针形,花自混合芽抽出,散生于新枝基部或近基部,或自花芽抽出,3~5 数在去年生枝上呈簇生状。翅果椭圆形或宽椭圆形。花果期 3~5 月。

用途:木材,造林。

99　毛果旱榆　*Ulmus glaucescens* var. *lasiocarpa* Rehd.

习性:落叶乔木,高达 5 m,单叶互生,树皮灰色,具纵横浅裂纹,卵圆形或椭圆形,此变种翅果幼时密生柔毛,熟时有散生毛。花果期 3~5 月。

用途:绿化。

100　榔榆　*Ulmus parvifolia* Jacq.

习性:落叶乔木,高达 25 m,胸径可达 1 m,树冠广圆形,树皮灰色或灰褐色,裂成不规则鳞状薄片剥落,露出红褐色内皮,近平滑,微凹凸不平,叶披针状卵形或窄椭圆形,花 3~6 数在叶腋簇生或排成簇状聚伞花序,翅果椭圆形或卵状椭圆形。花果期 8~10 月,树皮成不规则鳞状薄片剥落,内皮红褐色。

用途:木材,工艺,药用,造林。

101　圆冠榆　*Ulmus densa* Litw.

习性:落叶乔木,树冠密,近圆形,叶卵形,花在去年生枝上排成簇状聚伞花花序。翅果长圆状倒卵形、长圆形或长圆状椭圆形。花果期 4~5 月。

用途:木材。

刺榆属 *Hemiptelea*

102 刺榆 *Hemiptelea davidii* (Hance) Planch.

习性:落叶乔木或灌木状,高可达 10 m,树皮深灰色或褐灰色,不规则的条状深裂,叶椭圆形或椭圆状矩圆形,花杂性,单生或 2~4 朵簇生叶腋,小坚果斜卵圆形。花期 4~5 月,果期 9~10 月。

用途:固沙树种,工艺,食用。

青檀属 *Pteroceltis*

103 青檀 *Pteroceltis tatarinowii* Maxim.

习性:乔木,高达 20 m 或 20 m 以上,胸径达 70 cm 或 1 m 以上,树皮灰色或深灰色,不规则的长片状剥落,叶宽卵形至长卵形,叶面绿,翅果状坚果近圆形或近四方形。花期 3~5 月,果期 8~10 月。

用途:工艺,木材,观赏,食用。

榉属 *Zelkova*

104 榉树 *Zelkova serrata* (Thunb.) Makino

习性:乔木,高达 30 m,胸径达 100 cm,叶卵形、椭圆形或卵状披针形,花两性,核果,斜卵状圆锥形。花期四月,果期 9~11 月。

用途:药用。

105 大果榉 *Zelkova sinica* Schneid.

习性:落叶乔木或灌木,高达 20 m,胸径达 60 cm,树皮灰白色或褐灰色,呈不规则的片状剥落,叶卵形或椭圆形,花两性,雄花 1~3 朵腋生,雌花单生于叶腋,核果不规则的倒卵状球形。花果期 4~5 月。

用途:医药。

朴属 *Celtis*

106 紫弹朴 *Celtis biondii* Pamp.

习性:落叶小乔木至乔木,高达 18 m,树皮暗灰色,叶宽卵形、卵形至卵状椭圆形,果序单生叶腋,近球形,核两侧稍压扁,侧面观近圆形。花期 4~5 月,果期 9~10 月。

用途:药用。

107 珊瑚朴 *Celtis julianae* Schneid.

习性:落叶乔木,高达 30 m,树皮淡灰色至深灰色,叶宽卵形至尖卵状椭圆形,果单生叶腋,椭圆形至近球形,核倒卵形至倒宽卵形。花期 3~4 月,果期 9~10 月。

用途:绿化,木材。

108 大叶朴 *Celtis koraiensis* Nakai

习性:落叶乔木,高达 15 m,树皮灰色或暗灰色,浅微裂,叶椭圆形至倒卵状椭圆形,果单生叶腋,近球形至球状椭圆形,核球状椭圆形。花期 4~5 月,果期 9~10 月。

用途:绿化,河网区防风固堤树种。

109 朴树 *Celtis sinensis* Pers.

习性:落叶乔木,高达 20 m。叶互生,多为卵形或卵状椭圆形,花杂性,1~3 朵生于当年枝的叶腋,核果单生或 2 个并生,近球形。花期 3~4 月,果期 9~10 月。

用途:工艺,工业。

110 黑弹树 *Celtis bungeana* Bl.

习性:落叶乔木,高达 10 m,树皮灰色或暗灰色,叶狭卵形、长圆形、卵状椭圆形至卵形,果单生叶腋,近球形,核近球形。花期 4~5 月,果期 10~11 月。

用途:观赏。

桑科(Moraceae)

桑属 *Morus*

111 华桑 *Morus cathayana* Hemsl.

习性:小乔木或为灌木状,树皮灰白色,平滑,叶广卵形或近圆形,花雌雄同株异序,黄绿色,聚花果圆筒形。花期4~5月,果期5~6月。

用途:绿化。

112 桑 *Morus alba* Linn.

习性:乔木或为灌木,高3~10 m或更高,胸径可达50 cm,树皮厚,灰色,具不规则浅纵裂,叶卵形或广卵形,花单性,腋生或生于芽鳞腋内,聚花果卵状椭圆形。花期4~5月,果期5~8月。

用途:工艺,药用,食用,木材。

113 鲁桑 *Morus alba* Linn. var. *multicaulis* (Perrott.) Loud.

习性:落叶乔木,叶卵圆形,此变种叶大而厚,叶长可达30 cm,表面泡状皱缩。聚花果圆筒状。

用途:食用。

114 蒙桑 *Morus mongolica* (Bur.) Schneid.

习性:小乔木或灌木,树皮灰褐色,纵裂,叶长椭圆状卵形,雄花花被暗黄色,雌花序短圆柱状,聚花果长1.5 cm,成熟时红色至紫黑色。花期3~4月,果期4~5月。

用途:工业,药用。

115 鸡桑 *Morus australis* Poir.

习性:灌木或小乔木,树皮灰褐色,叶卵形,雄花绿色,花被片卵形,花药黄色,雌花序球形,雌花花被片长圆形,暗绿色,聚花果短椭圆形。花期3~4月,果期4~5月。

用途:工业,食用。

构属 *Broussonetia*

116 构树 *Broussonetia papyrifera*（Linn.）L′Hert. ex Vent.

习性:乔木,高10~20 m,树皮暗灰色,叶螺旋状排列,广卵形至长椭圆状卵形,花雌雄异株,雄花序为柔荑花序,雌花序球形头状,聚花果肉质,花期4~5月,果期6~7月。

用途:工业,药用。

117 楮 *Broussonetia kazinoki* Sieb.

习性:灌木,高2~4 m,叶卵形至斜卵形,花雌雄同株,雄花序球形头状,雌花序球形,聚花果球形,瘦果扁球形。花期4~5月,果期5~6月。

用途:工业。

榕属 *Ficus*

118 无花果 *Ficus carica* L.

习性:落叶灌木,高3~10 m,树皮灰褐色,叶互生,广卵圆形,雌雄异株,雄花和瘿花同生于一榕果内壁,雄花生内壁口部,榕果单生叶腋,大而梨形,瘦果透镜状。花果期5~7月。

用途:药用,食用,观赏。

119 异叶榕 *Ficus heteromorpha* Hemsl.

习性:落叶灌木或小乔木,高2~5 m,树皮灰褐色,叶多形,琴形、椭圆形、椭圆状披针形,雄花和瘿花同生于一榕果中,雄花散生内壁,榕果成对生短枝叶腋,球形或圆锥状球形,瘦果光滑。花期4~5月,果期5~7月。

用途:工业,食用。

120 珍珠莲 *Ficus sarmentosa* Buch. -Ham. ex J. E. Sm. var. *henryi*（King et Oliv.）Corner

习性:木质攀援匍匐藤状灌木。叶卵状椭圆形,榕果成对腋生,圆锥形。

用途:食用。

柘属 *Cudrania*

121 柘 *Cudrania tricuspidata*（Carr.）Bur. ex Lavallee

习性:落叶灌木或小乔木,高 1~7 m,树皮灰褐色,叶卵形或菱状卵形,雌雄异株,雌雄花序均为球形头状花序,单生或成对腋生,聚花果近球形。花期 5~6 月,果期 6~7 月。

用途:工艺,药用,食用,木材,绿化。

荨麻科(Urticaceae)

水麻属 *Debregeasia*

122 水麻 *Debregeasia orientalis* C. J. Chen

习性:灌木,高达 1~4 m,叶长圆状狭披针形或条状披针形,花序雌雄异株,生上年生枝和老枝的叶腋,2 回二歧分枝或二叉分枝,每分枝的顶端各生一球状团伞花簇,瘦果小浆果状,倒卵形。花期 3~4 月,果期 5~7 月。

用途:食用。

檀香科(Santalaceae)

米面蓊属 *Buckleya*

123 米面蓊 *Buckleya lanceolata*（Sieb. et Zucc.）Miq.

习性:灌木,多分枝。叶薄膜质,下部枝的叶呈宽卵形,上部枝的叶呈披针形,基部枝上的叶尖常具红色鳞片。雄花序顶生和腋生;雄花淡黄棕色,卵圆形;核果椭圆形或倒圆锥形,果柄细长,棒状。花期 6 月,果期 9~10 月。

用途:药用。

124 秦岭米面蓊 *Buckleya graebneriana* Diels

习性:小灌木,高约 2.5 m;小枝灰白色,有白色皮孔;叶绿色,常带红色,叶柄很短或近无柄,被微刺毛;聚伞花序或伞形花序;花被裂片 4,淡绿色,椭圆状披针形;核果椭圆状球形,成熟时橙黄色,粗糙,叶状苞片线状倒披针形。花期 4~5 月,果期 6~7 月。

用途:食用。

桑寄生科(Loranthaceae)

栗寄生属 *Korthalsella*

125 栗寄生 *Korthalsella japonica*（Thunb.）Engl.

习性:亚灌木,小枝扁平,通常对生。叶退化呈鳞片状。花淡绿色,有具节的毛围绕于基部。果椭圆状或梨形,淡黄色。花果期几全年。

用途:药用。

槲寄生属 *Viscum*

126 槲寄生 *Viscum coloratum*（Kom.）Nakai

习性:灌木,高 0.3~0.8 m;叶对生,花序顶生或腋生于茎叉状分枝处;雄花序聚伞状,柱头乳头状。果球形,直径 6~8 mm,具宿存花柱,成熟时淡黄色或橙红色,果皮平滑。花期 4~5 月,果期 9~11 月。

用途:药用。

马兜铃科(Aristolochiaceae)

马兜铃属 *Aristolochia*

127 木通马兜铃 *Aristolochia manshuriensis* Kom

习性:木质藤本,长达十余米;茎皮灰色,表面散生淡褐色长圆形皮孔。叶革质,心形或卵状心形,顶端钝圆或短尖,基部心形至深心形;子房圆柱形。蒴果长圆柱形,暗褐色。花期 6~7 月,果期 8~9 月。

用途:药用。

128 寻骨风 *Aristolochia mollissima* Hance

习性:木质藤本,叶纸质,卵形、卵状心形,顶端钝圆至短尖。边全缘,上面被糙伏毛,下面密被灰色或白色长绵毛。蒴果长圆状或椭圆状倒卵形,具 6 条呈波状或扭曲的棱或翅,暗褐色。花期 4~6 月,果期 8~10 月。

用途:药用。

蓼科(Polygonaceae)

蓼属 *Fallopia*

129 木藤蓼 *Fallopia aubertii*(L. Henry) Holub

习性:半灌木。茎缠绕,灰褐色,无毛。叶簇生稀互生。花序圆锥状,少分枝,稀疏,花被片外面3片较大,背部具翅,果时增大。瘦果卵形,具3棱,黑褐色,密被小颗粒,微有光泽。花期7~8月,果期8~9月。

用途:观赏绿化。

领春木科(Eupteleaceae)

领春木属 *Euptelea*

130 领春木 *pleiosperma* J. D. Hooker & Thomson

习性:乔木或灌木状,高2~15 m;芽卵形,鳞片深褐色,光亮。叶纸质,卵形或近圆形。花丛生,子房柄长7~10 mm,果梗长8~10 mm;种子1~3个,卵形。花期4~5月,果期7~8月。

用途:木材,观赏,研究。

连香树科(Cercidiphyllaceae)

连香树属 *Cercidiphyllum*

131 连香树 *Cercidiphyllum japonicum* Sieb. et Zucc.

习性:落叶大乔木,叶:生短枝上的近圆形、宽卵形或心形,生长枝上的椭圆形或三角形,雄花常4朵丛生,蓇葖果2~4个,荚果状,褐色或黑色,种子数个,扁平四角形,褐色,先端有透明翅,花期4月,果期8月。

用途:观赏,工业。

毛茛科(Ranunculaceae)

芍药属 *Paeonia*

132　紫斑牡丹　*Paeonia rockii* (S. G. Haw & Lauener) T. Hong & J. J. Li

习性:落叶灌木,叶为二至三回羽状复叶,小叶不分裂,稀不等 2~4 浅裂,花大,花瓣白色,花瓣内面基部具深紫色斑块,花期 4 月下旬至 5 月中旬。

用途:药用。

133　牡丹　*Paeonia suffruticosa* Andr. *

习性:落叶灌木,叶通常为二回三出复叶,偶尔近枝顶的叶为 3 小叶;顶生小叶宽卵形,花单生枝顶,花瓣 5,或为重瓣,玫瑰色、红紫色、粉红色至白色,通常变异很大,倒卵形,蓇葖长圆形,密生黄褐色硬毛,花期 4~5 月,果期 8~9 月。

用途:药用。

铁线莲属 *Clematis*

134　钝齿铁线莲　*Clematis apiifolia* var. *argentilucida*

习性:此变种小叶片较大。三出复叶。圆锥状聚伞花序多花;花,白色,狭倒卵形,长约 8 mm;花丝比花药长 5 倍。瘦果纺锤形或狭卵形,顶端渐尖,不扁,有柔毛,宿存花柱长约 1.5 cm。

用途:药用。

135　钝萼铁线莲　*Clematis peterae* Hand. -Mazz.

习性:木质藤本。一回羽状复叶; 小叶片卵形或长卵形,少数卵状披针形。圆锥状聚伞花序多花;花序梗、花梗密生短柔毛;雄蕊无毛。瘦果卵形,稍扁平,无毛或近花柱处稍有柔毛。花期 5~8 月。

用途:药用。

136 毛果铁线莲 *Clematis peterae* var. *trichocarpa* W. T. Wang

习性:藤本,一回羽状复叶,有5小叶。圆锥状聚伞花序多花;花序梗、花梗密生短柔毛,花序梗基部常有1对叶状苞片。瘦果卵形,稍扁平。花期6~8月,果期9~12月。

用途:药用。

137 扬子铁线莲 *Clematis puberula* var. *ganpiniana* (H. Léveillé & Vaniot) W. T. Wang

习性:藤本,小叶片长卵形、卵形或宽卵形,有时卵状披针形。圆锥状聚伞花序或单聚伞花序。瘦果常为扁卵圆形。花期7~9月,果期9~10月。

用途:观赏。

138 粗齿铁线莲 *Clematis grandidentata* (Rehder & E. H. Wilson) W. T. Wang

习性:木质藤本,一回羽状复叶;小叶片卵形或椭圆状卵形。腋生聚伞花序常有3~7花,或成顶生圆锥状聚伞花序多花。瘦果扁卵圆形,长约4 mm,有柔毛。花期5~8月,果期7~10月。

用途:药用。

139 短尾铁线莲 *Clematis brevicaudata* DC.

习性:藤本,一至二回羽状复叶或二回三出复叶。圆锥状聚伞花序腋生或顶生;雄蕊无毛,花药长2~2.5 mm。瘦果卵形,密生柔毛。花期7~9月,果期9~10月。

用途:药用。

140 威灵仙 *Clematis chinensis* Osbeck

习性:木质藤本,一回羽状复叶有5小叶;小叶片纸质,卵形至卵状披针形,或为线状披针形、卵圆形。常为圆锥状聚伞花序。瘦果扁,卵形至宽椭圆形,有柔毛。花期6~9月,果期8~11月。

用途:药用。

141 秦岭铁线莲 *Clematis obscura* Maxim.

习性:木质藤本,一至二回羽状复叶;小叶片或裂片纸质,卵形至披针形;萼片4~6,开展。瘦果椭圆形至卵圆形,扁,长约5 mm,有柔毛,宿存花柱长达

2.5 cm,有金黄色长柔毛。花期 4~6 月, 果期 8~11 月。

用途:绿化。

142 太行铁线莲 *Clematis kirilowii* Maxim.

习性:木质藤本,一至二回羽状复叶;小叶片或裂片革质,卵形至卵圆形,或长圆形。聚伞花序或为总状、圆锥状聚伞花序;花序梗、花梗有较密短柔毛;雄蕊无毛。瘦果卵形至椭圆形,扁,长约 5 mm,有柔毛,边缘凸出。花期 6~8 月,果期 8~9 月。

用途:绿化。

143 圆锥铁线莲 *Clematis terniflora* DC.

习性:木质藤本,一回羽状复叶,茎基部为单叶或三出复叶;小叶片狭卵形至宽卵形,有时卵状披针形。圆锥状聚伞花序腋生或顶生,狭倒卵形或长圆形,顶端锐尖或钝。瘦果橙黄色。花期 6~8 月,果期 8~11 月。

用途:药用。

144 陕西铁线莲 *Clematis shensiensis* W. T. Wang

习性:藤本。一回羽复叶;小叶片纸质,卵形或宽卵形。聚伞花序腋生或顶生;萼片 4,或 5~6,开展,白色,倒披针形至倒卵状长圆形。瘦果卵形,宿存花柱长达 4 cm,有金黄色长柔毛。花期 5~6 月,果期 8~9 月。

用途:绿化。

145 柱果铁线莲 *Clematis uncinata* Champ.

习性:藤本,一至二回羽状复叶;小叶片纸质或薄革质,宽卵形、卵形、长圆状卵形至卵状披针形。圆锥状聚伞花序腋生或顶生,多花;萼片,线状披针形至倒披针形;雄蕊无毛。瘦果圆柱状钻形,干后变黑。花期 6~7 月,果期 7~9 月。

用途:药用。

146 绣球藤 *Clematis montana* Buch. -Ham. ex DC.

习性:木质藤本,三出复叶,数叶与花簇生,或对生;小叶片卵形、宽卵形至椭圆形。萼片 4,开展,白色或外面带淡红色,长圆状倒卵形至倒卵形。瘦果扁,卵形或卵圆形,长 4~5 mm,宽 3~4 mm,无毛。花期 4~6 月,果期 7~9 月。

用途:药用,观赏。

147 毛萼铁线莲 *Clematis hancockiana* Maxim.

木质藤本,长 1~2 m。茎上部叶常为三出复叶,茎中下部叶为羽状复叶或二回三出复叶,有 3~9 枚小叶。花单生于叶腋。瘦果扁平,宽卵形或近于圆形,被黄色短柔毛,宿存花柱长 3.5~5 cm,被灰黄色长柔毛,柱头不膨大。花期 5 月,果期 6 月。

用途:观赏。

148 大叶铁线莲 *Clematis heracleifolia* DC.

习性:直立草本或半灌木。高 0.3~1 m。小叶片亚革质或厚纸质,宽卵圆形至近于圆形。聚伞花序顶生或腋生。瘦果卵圆形,两面凸起,长约 4 mm,红棕色,被短柔毛,宿存花柱丝状,长达 3 cm,有白色长柔毛。

用途:工业,药用。

149 华中铁线莲 *Clematis pseudootophora* M. Y. Fang

习性:近木质藤本,茎圆柱形,淡黄色,小叶片纸质,长椭圆状披针形或卵状披针形,聚伞花序腋生,无毛,瘦果棕色,纺锤形或倒卵形,被短柔毛,丝状,被黄色长柔毛。花期 8~9 月。

用途:绿化。

150 长瓣铁线莲 *Clematis macropetala* Ledeb.

习性:木质藤本,二回三出复叶,小叶片纸质,卵状披针形或菱状椭圆形,花单生于当年生枝顶端,瘦果倒卵形,被疏柔毛,向下弯曲,被灰白色长柔毛。花期 7 月,果期 8 月。

用途:观赏,药用。

木通科(Lardizabalaceae)

木通属 *Akebia*

151 三叶木通 *Akebia trifoliata*(Thunb.)Koidz.

习性:落叶木质藤本,茎皮灰褐色。总状花序自短枝上簇生叶中抽出。雄花:花梗丝状。雌花:花梗稍较雄花的粗。果长圆形,直或稍弯,成熟时灰白略带淡紫色;种子极多数,扁卵形。花期 4~5 月,果期 7~8 月。

用途:药用,食用。

152　木通　*Akebia quinata*（Houttuyn）Decaisne

习性：落叶木质藤本，茎纤细。掌状复叶互生或在短枝上的簇生。伞房花序式的总状花序腋生。花丝极短。雌花：花梗细长；萼片暗紫色。果孪生或单生。花期4~5月，果期6~8月。

用途：药用，食用，工业。

八月瓜属　*Holboellia*

153　鹰爪枫　*Holboellia coriacea* Deils

习性：常绿木质藤本，茎皮褐色。小叶厚革质，椭圆形或卵状椭圆形。花雌雄同株，白绿色或紫色。雄花：花梗长约2 cm；萼片长圆形。种子椭圆形，略扁平。花期4~5月，果期6~8月。

用途：药用，食用。

154　五月瓜藤　*Holboellia angustifolia* Wallich

习性：常绿木质藤本，茎与枝圆柱形，灰褐色，具线纹。小叶近革质或革质，线状长圆形、长圆状披针形至倒披针形。花雌雄同株，红色、紫红色、暗紫色、绿白色或淡黄色。雌花：紫红色。果紫色，长圆形；种子椭圆形。花期4~5月，果期7~8月。

用途：药用，食用。

小檗科（Berberidaceae）

南天竹属　*Nandina*

155　南天竹　*Nandina domestica* Thunb. *

习性：常绿小灌木，高1~3 m，光滑无毛，幼枝常为红色，老后呈灰色。叶互生，集生于茎的上部。果柄长4~8 mm；浆果球形，熟时鲜红色，稀橙红色。种子扁圆形。花期3~6月，果期5~11月。

用途：药用，园林。

小檗属　*Berberis*

156　直穗小檗　*Berberis dasystachya* Maxim.

习性：落叶灌木，高2~3 m。叶纸质，叶片长圆状椭圆形、宽椭圆形或近圆形，花黄色；小苞片披针形；花瓣倒卵形；雄蕊长约2.5 mm，药隔先端不延伸，平截；胚珠1~2枚。浆果椭圆形。花期4~6月，果期6~9月。

用途：药用。

157　日本小檗　*Berberis thunbergii* DC. *

习性：落叶灌木，一般高约1 m，多分枝。叶薄纸质，倒卵形、匙形或菱状卵形。小苞片卵状披针形；外萼片卵状椭圆形；花瓣长圆状倒卵形；子房含胚珠1~2枚，无珠柄。浆果椭圆形，亮鲜红色，无宿存花柱。种子1~2枚，棕褐色。花期4~6月，果期7~10月。

用途：药用，工艺，绿化。

158　秦岭小檗　*Berberis circumserrata*（Schneid.）Schneid.

习性：落叶灌木，高达1 m。叶薄纸质，倒卵状长圆形或倒卵形，偶有近圆形。花黄色，萼片2轮，外萼片长圆状椭圆形；花瓣倒卵形；胚珠通常6~7枚，有时3或8枚。浆果椭圆形或长圆形，红色。花期5月，果期7~9月。

用途：药用。

159　短柄小檗　*Berberis brachypoda* Maxim.

习性：落叶灌木，高1~3 m。叶厚纸质，椭圆形，倒卵形，或长圆状椭圆形。穗状总状花序直立或斜上；小苞片披针形，常红色，花瓣椭圆形。浆果长圆形，鲜红色。花期5~6月，果期7~9月。

用途：药用。

160　细叶小檗　*Berberis poiretii* Schneid.

习性：落叶灌木，高1~2 m。叶纸质，倒披针形至狭倒披针形，偶披针状匙形。苞片条形，披针形，长1.8~2 mm；萼片2轮，外萼片椭圆形或长圆状卵形，内萼片长圆状椭圆形。浆果长圆形，红色。花期5~6月，果期7~9月。

用途：药用。

161　陕西小檗　*Berberis shensiana* Ahrendt

习性:落叶灌木,高约 1.5 m。叶纸质,椭圆形或倒卵形。苞片卵形,花黄色;小苞片披针形;雄蕊长约 3 mm,药隔先端稍延伸,突尖;胚珠 5~6 枚。浆果长圆形。花期 5~6 月,果期 7~9 月。

用途:药用。

162　大叶小檗　*Berberis ferdinandi-coburgii* Schneid.

习性:常绿灌木,高约 2 m。叶革质,椭圆状倒披针形。花 8~18 朵簇生;花梗细弱,长 1~2 cm,无毛,花黄色;小苞片红色,外萼片披针形。浆果黑色,椭圆形或卵形。花果期 6~10 月。

用途:药用。

163　川鄂小檗　*Berberis henryana* Schneid

习性:落叶灌木,高 2~3 m。老枝灰黄色或暗褐色,叶坚纸质,椭圆形或倒卵状椭圆形;花梗长 5~10 mm,无毛。浆果椭圆形,红色,顶端具短宿存花柱,不被白粉。花期 5~6 月,果期 7~9 月。

用途:药用。

十大功劳属　*Mahonia*

164　阔叶十大功劳　*Mahonia bealei* (Fort.) Carr. *

习性:灌木或小乔木,高 0.5~4(8)m。叶狭倒卵形至长圆形;小叶厚革质,硬直。总状花序直立,通常 3~9 个簇生;芽鳞卵形至卵状披针形;花黄色;外萼片卵形。浆果卵形,深蓝色,被白粉。花期 9 月至翌年 1 月,果期 3~5 月。

用途:园林。

165　十大功劳　*Mahonia fortunei* (Lindl.) Fedde *

习性:灌木,高 0.5~2(4)m。叶倒卵形至倒卵状披针形,狭披针形至狭椭圆形;芽鳞披针形至三角状卵形;雄蕊长 2~2.5 mm;胚珠 2 枚。浆果球形,直径 4~6 mm,紫黑色。花期 7~9 月,果期 9~11 月。

用途:药用,园林。

防己科(Menispermaceae)

木防己属　*Cocculus*

166　木防己　*Cocculus orbiculatus*（L.）DC.

习性:木质藤本,叶片纸质至近革质,自线状披针形至阔卵状近圆形、狭椭圆形至近圆形、倒披针形至倒心形,有时卵状心形;雄蕊 6,比花瓣短;雌花:萼片和花瓣与雄花相同;果核骨质。

用途:药用,观赏,食用。

风龙属　*Sinomenium*

167　风龙　*Sinomenium acutum*（Thunb.）Rehd. et Wils.

习性:木质大藤本,长可达 20 余米;老茎灰色。叶革质至纸质。圆锥花序长可达 30 cm。雄花:小苞片 2,紧贴花萼;雌花:退化雄蕊丝状。核果红色至暗紫色。

用途:药用,工艺。

蝙蝠葛属　*Menispermum*

168　蝙蝠葛　*Menispermum dauricum* DC.

习性:落叶藤本。叶纸质或近膜质。圆锥花序单生或有时双生,有细长的总梗,有花数朵至 20 余朵,花密集成稍疏散;雄花:萼片 4~8;雌花:退化雄蕊 6~12。核果紫黑色。花期 6~7 月,果期 8~9 月。

用途:药用,观赏。

木兰科(Magnoliaceae)

鹅掌楸属　*Liriodendron*

169　鹅掌楸　*Liriodendron chinense*（Hemsl.）Sarg. *

习性:乔木,高达 40 m,胸径 1 m 以上,小枝灰色或灰褐色。叶马褂状。

花绿色杯状，内两轮 6 片，花瓣倒卵形，具黄色纵条纹，花期时雌蕊群超出花被之上，心皮黄绿色。聚合果长 7~9 cm，具翅的小坚果长约 6 mm，顶端钝或钝尖。花期 5 月，果期 9~10 月。

用途：木材，药用。

170　北美鹅掌楸　*Liriodendron tulipifera* L. *

习性：乔木，原产地高可达 60 m，胸径 3.5 m。叶片长 7~12 cm。花杯状，花被片 9，外轮 3 片绿色，内两轮 6 片，灰绿色，近基部有一不规则的黄色带，雌蕊群黄绿色，花期时不超出花被片之上。聚合果长约 7 cm、具翅的小坚果淡褐色。花期 5 月，果期 9~10 月。

用途：木材，园林。

171　杂交鹅掌楸　*Liriodendron chinense* × *tulipifera* *

习性：落叶乔木，高达 60 m，主干通直，叶形似马褂，先端略凹，近似中国鹅掌楸。花较大。聚合果纺锤形，由多个顶端具 1.5~3 cm 长翅的小坚果组成。花期 5~6 月。

用途：木材，园林。

八角属　*Illicium*

172　红毒茴　*Illicium lanceolatum* A. C. Smith

习性：灌木或小乔木，高 3~10 m；枝条纤细，树皮浅灰色至灰褐色。叶互生或稀疏地簇生于小枝近顶端或排成假轮生，革质，披针形、倒披针形或倒卵状椭圆形。花腋生或近顶生，单生或 2~3 朵；花梗纤细；花被片 10~15，肉质。花期 4~6 月，果期 8~10 月。

用途：香料，药用。

173　红茴香　*Illicium henryi* Diels.

习性：灌木或乔木，高 3~8 m，有时可达 12 m；树皮灰褐色至灰白色。芽近卵形。叶互生或 2~5 片簇生，革质，倒披针形，长披针形或倒卵状椭圆形。花粉红至深红，暗红色，腋生或近顶生，单生或 2~3 朵簇生；花梗细长；雄蕊 11~14 枚，药室明显凸起；花柱钻形。花粉红至深红。花期 4~6 月，果期 8~10 月。

用途：药用。

南五味子属 *Kadsura*

174 南五味子 *Kadsura longipedunculata* Finet et Gagnep.

习性:藤本,叶长圆状披针形、倒卵状披针形或卵状长圆形,先端渐尖或尖,基部狭楔形或宽楔形,边有疏齿,侧脉每边 5~7 条;小浆果倒卵圆形,长 8~14 mm,外果皮薄革质,干时显出种子。花期 6~9 月,果期 9~12 月。

用途:药用,香料,工艺。

五味子属 *Schisandra*

175 五味子 *Schisandra chinensis* (Turcz.) Baill.

习性:落叶木质藤本,除幼叶背面被柔毛及芽鳞具缘毛外余无毛;幼枝红褐色,老枝灰褐色;叶柄两侧由于叶基下延成极狭的翅。聚合果长 1.5~8.5 cm,小浆果红色,近球形或倒卵圆形。花期 5~7 月,果期 7~10 月。

用途:药用,香料,工业,工艺。

176 华中五味子 *Schisandra sphenanthera* Rehd. et Wils.

习性:落叶木质藤本。叶纸质,倒卵形、宽倒卵形,或倒卵状长椭圆形。花生于近基部叶腋,花梗纤细。聚合果果托长 6~17 cm,成熟小桨红色,具短柄;种子长圆体形或肾形。花期 4~7 月,果期 7~9 月。

用途:药用,工业。

木兰属 *Magnolia*

177 厚朴 *Magnolia officinalis* Rehder. et Wils. *

习性:落叶乔木,高达 20 m。叶大,近革质。花白色,芳香;花梗粗短,被长柔毛,离花被片下 1 cm 处具包片脱落痕。花期 5~6 月,果期 8~10 月。

用途:药用,观赏,工艺,工业。

178 天女木兰 *Magnolia sieboldii* K. Koch *

习性:落叶小乔木,高可达 10 m。叶膜质。聚合果熟时红色;蓇葖狭椭圆体形,长约 1 cm。顶端具长约 2 mm 的喙;种子心形,假种皮橘红色,外种皮深褐色。花期 5~6 月;果期 8~9 月。

用途:木材,观赏,药用。

179　荷花玉兰　*Magnolia grandiflora* Linn. *

习性:常绿灌木或乔木,在原产地高达 30 m。叶厚革质,椭圆形,长圆状椭圆形或倒卵状椭圆形,叶面深绿色,有光泽;花被片 9~12,厚肉质,倒卵形。聚合果圆柱状长圆形或卵圆形,密被褐色或淡灰黄色茸毛。花期 5 月。

用途:观赏。

180　武当玉兰　*Magnolia sprengeri* Pampan.

习性:落叶乔木,高可达 21 m,树皮淡灰褐色或黑褐色,老干皮具纵裂沟成小块片状脱落。小枝淡黄褐色,后变灰色,无毛。叶倒卵形。聚果圆柱形,蓇葖扁圆,成熟时褐色。花期 3~4 月,果期 8~9 月。

用途:香料,园林。

181　玉兰　*Magnolia denudata* Desr.

习性:落叶乔木,高达 25 m,胸径 1 m,叶柄长 1~2.5 cm,被柔毛,上面具狭纵沟。花蕾卵圆形,花先叶开放。聚合果圆柱形;蓇葖厚木质,褐色,具白色皮孔;种子心形。花期 2~3 月,果期 8~9 月。

用途:园林,药用,香料,工业。

182　望春玉兰　*Magnolia biondii* Pampanini

习性:落叶乔木,高可达 12 m,胸径达 1 m。叶椭圆状披针形、卵状披针形,叶柄长 1~2 cm,托叶痕为叶柄长的 1/5~1/3。聚合果圆柱形,长 8~14 cm,常因部分不育而扭曲。花期 3 月,果熟期 9 月。

183　黄山玉兰　*Magnolia cylindrica* Wils.

习性:落叶乔木,高达 10 m,树皮灰白色,平滑。花先叶开放,直立;花蕾卵圆形。聚合果圆柱形,长 5~7.5 cm,直径 1.8~2.5 cm,下垂,初绿带紫红色后变暗紫黑色,花期 5~6 月,果期 8~9 月。

用途:绿化。

184　紫玉兰　*Magnolia liliiflora* Desr.

习性:落叶灌木,高达 3 m。叶椭圆状倒卵形或倒卵形,先端急尖或渐尖,基部渐狭沿叶柄下延至托叶痕,上面深绿色,幼嫩时疏生短柔毛,下面灰绿色,沿脉有短柔毛。聚合果深紫褐色,变褐色,圆柱形,长 7~10 cm。花期 3~4 月,果期 8~9 月。

用途:观赏,药用,嫁接。

拟单性木兰属　*Parakmeria*

185　乐东拟单性木兰　*Parakmeria lotungensis* (Chun et C. Tsoong) Law*

习性:常绿乔木,高达 30 m,胸径 30 cm。叶革质。花杂性,雄花两性花异株。聚合果卵状长圆形体或椭圆状卵圆形,很少倒卵形;种子椭圆形或椭圆状卵圆形,外种皮红色。花期 4~5 月,果期 8~9 月。

用途:绿化,木材。

含笑属　*Michelia*

186　含笑花　*Michelia figo* (Lour.) Spreng.*

习性:常绿灌木,高 2~3 m。叶革质,狭椭圆形或倒卵状椭圆形。花直立,淡黄色而边缘有时红色或紫色,具甜浓的芳香。聚合果长 2~3.5 cm;蓇葖卵圆形或球形,顶端有短尖的喙。花期 3~5 月,果期 7~8 月。

用途:观赏,食用,香料,药用。

187　深山含笑　*Michelia maudiae* Dunn*

习性:乔木,高达 20 m,各部均无毛。叶革质,长圆状椭圆形,很少卵状椭圆形。叶柄长 1~3 cm,无托叶痕。薄革质,长约 3 cm。聚合果长 7~15 cm,蓇葖长圆体形、倒卵圆形、卵圆形、顶端圆钝或具短突尖头。花期 2~3 月,果期 9~10 月。

用途:木材,观赏,香料,药用。

188　阔瓣含笑　*Michelia cavaleriei* var. *platypetala*（Handel-Mazzetti）N. H. Xia*

习性:乔木,高达 20 m,胸径 50 cm。嫩枝、芽、嫩叶均被红褐色绢毛。叶薄革质,长圆形、椭圆状长圆形,侧脉每边 8~14 条;叶柄长 1~3 cm,无托叶痕,被红褐色平伏毛。花被片 9,白色,中轮稍狭,内轮狭卵状披针形;雌蕊群圆柱形,被灰色及金黄色微柔毛;心皮卵圆形,胚珠约 8 颗。聚合果长 5~15 cm;蓇葖无柄,长圆体形;种子淡红色,扁宽卵圆形或长圆体形。花期 3~4 月,果期 8~9 月。

用途:绿化,观赏。

蜡梅科(Calycanthaceae)

蜡梅属　*Chimonanthus*

189　蜡梅　*Chimonanthus praecox*（L.）Link*

习性:落叶灌木,高达 4 m,幼枝四方形。叶纸质至近革质,卵圆形、椭圆形、宽椭圆形至卵状椭圆形,有时长圆状披针形。果托近木质化,坛状或倒卵状椭圆形。花期 11 月至翌年 3 月,果期 4~11 月。

用途:园林,药用。

樟科(Lauraceae)

楠属　*Phoebe*

190　楠木　*Phoebe zhennan* S. Lee et F. N. Wei*

习性:大乔木,高达 30 余米。叶革质,椭圆形,少为披针形或倒披针形,先端渐尖,尖头直或呈镰状,基部楔形。聚伞状圆锥花序十分开展,每伞形花序有花 3~6 朵。果椭圆形;果梗微增粗。花期 4~5 月,果期 9~10 月。

用途:绿化,木材。

樟属 *Cinnamomum*

191 樟 *Cinnamomum camphora*（L.）Presl *

习性:常绿大乔木,高可达 30 m,直径可达 3 m。叶互生;叶柄纤细,长 2~3 cm,腹凹背凸,无毛。圆锥花序腋生。子房球形。果卵球形或近球形,紫黑色;果托杯状。花期 4~5 月,果期 8~11 月。

用途:药用,工业,木材。

192 银木 *Cinnamomum septentrionale* Hand. -Mazz. *

习性:乔木,高 16~25 m,胸径 0.6~1.5 m。圆锥花序腋生,分枝细弱。子房卵珠形。果球形,直径不及 1 cm,无毛,果托长 5 mm,先端增大成盘状,宽达 4 mm。花期 5~6 月,果期 7~9 月。

用途:药用,观赏,木材。

193 天竺桂 *Cinnamomum japonicum* Sieb.

习性:乔木,高 10~15 m,胸径 30~35 cm。叶柄粗壮,腹凹背凸,红褐色,无毛。圆锥花序腋生。子房卵珠形,柱头盘状。果长圆形;果托浅杯状,顶部极开张,宽达 5 mm。花期 4~5 月,果期 7~9 月。

用途:蜜源,木材。

木姜子属 *Litsea*

194 天目木姜子 *Litsea auriculata* Chien et Cheng

习性:乔木,高 10~20 m,胸径 40~60 cm。小枝紫褐色,无毛。叶互生。伞形花序无总梗或具短梗;雌花较小,花被裂片长圆形或椭圆状长圆形。果卵形,成熟时黑色;果托杯状;果梗长 12~16 mm。花期 3~4 月,果期 7~8 月。

用途:药用,木材。

195 木姜子 *Litsea pungens* Hemsl.

习性:小乔木,高 3~10 m。顶芽圆锥形,鳞片无毛。叶互生,常聚生于枝顶,披针形或倒卵状披针形。伞形花序腋生。果球形,直径 7~10 mm,成熟时蓝黑色。花期 3~5 月,果期 7~9 月。

用途:蜜源。

196　黄丹木姜子　*Litsea elongata* (Wall. ex Nees) Benth. et Hook. f.

习性:常绿小乔木或中乔木,高达 12 m,胸径达 40 cm。顶芽卵圆形,鳞片外面被丝状短柔毛。叶互生。果长圆形,成熟时黑紫色;果托杯状;果梗长 2~3 mm。花期 5~11 月,果期 2~6 月。

用途:木材,工业,食用。

山胡椒属　*Lindera*

197　三桠乌药　*Lindera obtusiloba* Bl.

习性:落叶乔木或灌木,高 3~10 m;树皮黑棕色。小枝黄绿色。叶互生,近圆形至扁圆形,先端急尖。花序在腋生混合芽,混合芽椭圆形。雌花花被片 6,长椭圆形。果广椭圆形,成熟时红色。花期 3~4 月,果期 8~9 月。

用途:工业,药用,木材。

198　香叶树　*Lindera communis* Hemsl. *

习性:常绿灌木或小乔木,高(1~5)3~4 m,胸径 25 cm;树皮淡褐色。叶互生,通常披针形、卵形或椭圆形。伞形花序具 5~8 朵花,花丝略被微柔毛或无毛,与花药等长。果卵形,也有时略小而近球形,无毛,成熟时红色;果梗长 4~7 mm,被黄褐色微柔毛。花期 3~4 月,果期 9~10 月。

用途:药用,食用,工业。

199　山橿　*Lindera reflexa* Hemsl.

习性:落叶灌木或小乔木;树皮棕褐色。叶互生,通常卵形或倒卵状椭圆形,有时为狭倒卵形或狭椭圆形。雄花花梗长 4~5 mm。子房椭圆形,果球形。花期 4 月,果期 8 月。

用途:药用。

200　山胡椒　*Lindera glauca* (Sieb. et Zucc.) Bl.

习性:落叶灌木或小乔木,高可达 8 m;树皮平滑。叶互生。伞形花序腋生。雄花花被片黄色;子房椭圆形,柱头盘状;果梗长 1~1.5 cm,花期 3~4 月,果期 7~8 月。

用途:木材,工业,药用。

201　红果山胡椒　*Lindera erythrocarpa* Makino

习性:落叶灌木或小乔木,高可达5 m。叶互生,通常为倒披针形。伞形花序着生于腋芽两侧各一。雌花较小,子房狭椭圆形,花柱粗。果球。花期4月,果期9~10月。

用途:观赏。

月桂属　*Laurus*

202　月桂　*Laurus nobilis* L. *

习性:常绿小乔木或灌木状,高可达12 m,树皮黑褐色。小枝圆柱形,叶柄长0.7~1 cm,花为雌雄异株。伞形花序腋生。雄花:每一伞形花序有花5朵。雌花:通常有退化雄蕊4。果卵珠形,熟时暗紫色。花期3~5月,果期6~9月。

用途:工业。

虎耳草科(Saxifragaceae)

溲疏属　*Deutzia*

203　异色溲疏　*Deutzia discolor* Hemsl.

习性:灌木。老枝圆柱形,表皮片状脱落。花枝浅褐色,疏被星状毛。花瓣白色,椭圆形。蒴果半球形,褐色,宿存萼裂片外反。花期6~7月,果期8~10月。

用途:绿化。

204　小花溲疏　*Deutzia parviflora* Bge.

习性:灌木,高约2 m。老枝,表皮片状脱落。花枝被星状毛。伞房花序,多花。花序梗被长柔毛和星状毛。花瓣白色。蒴果球形。花期5~6月,果期8~10月。

用途:绿化。

205　大花溲疏　*Deutzia grandiflora* Bge.

习性:灌木,高约2 m。花枝黄褐色,被具中央长辐线星状毛。叶纸质,上面被4~6辐线星状毛,下面灰白色,被7~11辐线星状毛,毛稍紧贴。聚伞花序。花瓣白色。蒴果半球形,被星状毛,具宿存萼裂片外弯。花期 4~6 月,果期 9~11 月。

用途:绿化。

206　多花溲疏　Deutzia setchuenensis var. corymbiflora (Lemoine ex Andre) Rehder

习性:聚伞花序大,长 4~6 cm,直径 5~8 cm,有花 20~50 朵;花白色;叶下面被毛较密。花期 5~6 月,果期 7~8 月。

用途:绿化。

207　溲疏　Deutzia scabra Thunb.

习性:落叶灌木,树皮薄片状剥落。小枝中空,红褐色,幼时有星状柔毛。圆锥花序,伞房花序、聚伞花序或总状花序,花瓣 5 枚,白色或外面略带红晕。花期 5~6 月,果期 10~11 月。

用途:药用,观赏。

山梅花属　*Philadelphus*

208　太平花　*hiladelphus pekinensis* Rupr.

习性:灌木,分枝较多。二年生小枝无毛,表皮栗褐色,当年生小枝无毛,表皮黄褐色,不开裂。总状花序。花瓣白色,倒卵形。蒴果近球形或倒圆锥形,宿存萼裂片近顶生。种子具短尾。花期 5~7 月,果期 8~10 月。

用途:绿化。

209　山梅花　*Philadelphus incanus* Koehne

习性:灌木,二年生小枝灰褐色,表皮呈片状脱落。总状花序,下部的分枝有时具叶。花瓣白色,基部急收狭。蒴果倒卵形。花期 5~6 月,果期 7~8 月。

用途:观赏。

绣球属　*Hydrangea*

210　中国绣球　*Hydrangea chinensis* Maxim.

习性:灌木。叶薄纸质至纸质,两面被疏短柔毛或仅脉上被毛,下面脉腋间常有髯毛;侧脉 6~7 对,纤细,弯拱,下面稍凸起,小脉稀疏网状。伞形状或伞房状聚伞花序顶生。花瓣黄色,椭圆形或倒披针形。蒴果卵球形。花期5~6月,果期9~10月。

用途:绿化。

211 绣球 *Hydrangea macrophylla* (Thunb.) Ser.

习性:灌木,枝圆柱形,粗壮。叶纸质或近革质,具短尖头。伞房状聚伞花序近球形,具短的总花梗,分枝粗壮,近等长,密被紧贴短柔毛,花密集,多数不育。花瓣长圆形。花期6~8月。

用途:药用。

212 东陵绣球 *Hydrangea bretschneideri* Dippel

习性:灌木,当年生小枝,初时疏被长柔毛,很快变无毛,二年生小枝色稍淡,通常无皮孔,树皮较薄,常呈薄片状剥落。叶薄纸质或纸质。花期6~7月,果期9~10月。

用途:绿化。

213 挂苦绣球 *Hydrangea xanthoneura* Diels

习性:灌木至小乔木。二年生小枝色较淡,常具明显的浅色皮孔。叶纸质至厚纸质,上面绿色,叶脉淡黄色,下面淡绿色。叶柄新鲜时紫红色,干后黑褐色,被疏毛。伞房状聚伞花序顶生。花瓣白色或淡绿色,长卵形,先端风帽状。蒴果卵球形。种子褐色或淡褐色,椭圆形或纺锤形,无毛。花期7月,果期9~10月。

用途:绿化。

214 莼兰绣球 *Hydrangea longipes* Franch.

习性:灌木,小枝圆柱形,淡黄色,老后树皮不剥落。叶膜质或薄纸质,干后常呈淡绿色。伞房状聚伞花序顶生,顶端截平或稍拱,分枝较短,通常密集,紧靠。蒴果杯状。种子淡棕色,扁平,具凸起的纵脉纹。花期7~8月,果期9~10月。

用途:绿化。

215 冠盖绣球 *Hydrangea anomala* D. Don

习性:攀援藤本。小枝粗壮,淡灰褐色。叶纸质,上面绿色,下面浅绿色,干后呈黄褐色。伞房状聚伞花序较大,顶端弯拱,初时花序轴及分枝密被短柔毛,后其下部的毛逐渐脱落。种子淡褐色,扁平,周边具薄翅。花期5~6月,果期9~10月。

用途:药用。

茶藨子属 *Ribes*

216 大刺茶藨子 *Ribes alpestre* var. *giganteum* Janczewski

习性:通常枝刺较粗壮,有时长达 3 cm,稀较短小;花萼外面无毛或几无毛;子房和果实无柔毛,也无腺毛,花期 5~4 月,果期 6~9 月。

用途:观赏,食用,药用。

217 腺毛茶藨子 *Ribes longeracemosum* var. *davidii* Janczewski

习性:叶下面具疏密不等的短柔毛。总状花序长达 40 cm,具花 20 余朵;苞片较大,长 5~7 mm。

用途:尚未引种。

218 糖茶藨子 *Ribes himalense* Royle ex Decne.

习性:落叶小灌木,花两性,雄蕊几与花瓣等长,着生在与花瓣同一水平上,白色;果实球形,红色或熟后转变成紫黑色,无毛。花期 4~6 月,果期 7~8 月。

用途:药用。

219 尖叶茶藨子 *Ribes maximowiczianum* Komarov

习性:落叶小灌木,小枝深褐灰色或棕灰色;花单性,雌雄异株,组成短总状花序;果实近球形,直径 6~8 mm,红色,无毛。花期 5~6 月,果期 8~9 月。

用途:食用、观赏。

220 细枝茶藨子 *Ribes tenue* Jancz.

习性:落叶灌木,叶长卵圆形,稀近圆形,花单性,雌雄异株,组成直立总状花序;果实球形,直径 4~7 mm,暗红色,无毛。花期 5~6 月,果期 8~9 月。

用途:药用。

221 冰川茶藨子 *Ribes glaciale* Wall.

习性:落叶灌木,叶长卵圆形,稀近圆形,侧生裂片卵圆形;直立总状花序,花瓣近扇形或楔状匙形,果实近球形或倒卵状球形,直径 5~7 mm,红色,无毛。花期 4~6 月,果期 7~9 月。

用途:食用。

222　渐尖茶藨子　*Ribes takare* D. Don

习性:落叶灌木,总状花序,果实卵球形,直径 5~7 mm,浅黄绿色转红褐色,无毛。花期 4~5 月,果期 7~8 月。

用途:观赏。

223　华茶藨子　*Ribes fasciculatum* var. *chinense* Maxim.

习性:此变种嫩枝,叶两面和花梗均被较密柔毛;老枝紫褐色,皮常剥落;花黄绿色,杯状;子房无毛。浆果近球形,果梗有节。

用途:食用。

海桐花科(Pittosporaceae)

海桐花属　Pittosporum

224　海桐　*Pittosporum tobira* (Thunb.) Ait. *

习性:常绿灌木或小乔木,高达 6 m,伞形花序或伞房状伞形花序顶生或近顶生,蒴果圆球形,有棱或呈三角形,果片木质,种子多数,多角形,红色,叶革质,倒卵形。

用途:观赏。

225　柄果海桐　*Pittosporum podocarpum* Gagnep.

习性:常绿灌木,高约 2 m,蒴果梨形或椭圆形,果片薄,革质,外表粗糙,内侧有横格,种子大,种柄长。

用途:药用。

226　海金子　*Pittosporum illicioides* Makino

习性:常绿灌木,高达 5 m,叶生于枝顶,薄革质,倒卵状披针形或倒披针形,叶干后仍发亮。伞形花序顶生;子房长卵形;蒴果近圆形,果片薄木质;种子 8~15 个,种柄短而扁平。

用途:工业,造纸。

227　狭叶海桐　Pittosporum glabratum var. neriifolium Rehd. et Wils.

习性:常绿灌木,高 1.5 m,叶带状或狭窄披针形,伞形花序顶生,雄蕊比花瓣短;子房无毛。蒴果长2~2.5 cm,子房柄不明显,种子红色。

用途:药用。

228　崖花子　*Pittosporum truncatum* Pritz.

习性:常绿灌木,高2~3 m,叶倒卵形或菱形,侧脉7~9条。花单生或数朵成伞形状,雄蕊长6 mm;子房被褐毛,卵圆形,蒴果短椭圆形,种子16~18个,种柄扁而细。

用途:药用。

金缕梅科(Hamamelidaceae)

枫香树属　*Liquidambar*

229　枫香树　*Liquidambar formosana* Hance

习性:落叶乔木,叶薄革质,阔卵形,掌状3裂,雄性短穗状花序常多个排成总状,雄蕊多数,头状果序圆球形,种子多数,褐色,多角形或有窄翅。

用途:药用,木材。

230　北美枫香　*Liquidambar styraciflua* L. *

习性:落叶阔叶,叶互生,宽卵形,叶春夏叶色暗绿,秋季叶色有黄色、紫色或红色多色混合。

用途:观赏。

檵木属　*Hibiscus*

231　檵木　*Loropetalum chinense*(R. Br.) Oliver*

习性:灌木,叶革质,卵形,花3~8朵簇生,白色,蒴果卵圆形,种子圆卵形,黑色,发亮。花期3~4月。

用途:药用。

232　红花檵木　*Loropetalum chinense* var. *rubrum* Yieh*

习性:叶与原种相同。花紫红色,长2 cm。

用途:观赏。

金缕梅属 *Hamamelis*

233 金缕梅 *Hamamelis mollis* Oliver *

习性:落叶灌木或小乔木,头状或短穗状花序腋生,花瓣带状,黄白色,蒴果卵圆形,密被黄褐色星状茸毛,萼筒长约为蒴果的1/3。种子椭圆形,黑色,发亮。花期5月。

用途:观赏,药用。

牛鼻栓属 *Fortunearia*

234 牛鼻栓 *Fortunearia sinensis* Rehd. et Wils.

习性:落叶灌木或小乔木,老枝干后褐色或灰褐色叶膜质,倒卵形或倒卵状椭圆形,两性花的总状花序,蒴果卵圆形,果瓣先端尖,种子卵圆形,褐色,有光泽,种脐马鞍形,稍带白色。

用途:药用。

山白树属 *Sinowilsonia*

235 山白树 *Sinowilsonia henryi* Hemsl.

习性:落叶灌木或小乔木,嫩枝有灰黄色星状茸毛,雄花总状花序无正常叶片,雌花穗状花序,蒴果无柄,卵圆形,先端尖,被灰黄色长丝毛,种子长8 mm,黑色,有光泽,种脐灰白色。

用途:观赏,木材,食用。

蚊母树属 *Distylium*

236 蚊母树 *Distylium racemosum* Sieb. et Zucc. *

习性:常绿灌木或中乔木,嫩枝及芽体有鳞垢,老枝秃净,干后暗褐色,总状花序,花雌雄同在一个花序上,雌花位于花序的顶端,蒴果卵圆形,种子卵圆形,深褐色、发亮,种脐白色。

用途:园林。

杜仲科(Eucommiaceae)

杜仲属 *Eucommia*

237 杜仲 *Eucommia ulmoides* Oliver

习性:落叶乔木,高达 2 m,胸径 1 m。树皮灰褐色,粗糙,植株具丝状胶质。芽卵圆形,光红褐色。单叶互生,先端渐尖,基部宽楔形或近圆,羽状脉。花单性,雌雄异株,无花被。翅果扁平,长椭圆形,基部楔形,周围具薄翅。花期 4 月,果期 10 月。

用途:药用,工业,木材。

悬铃木科(Platanaceae)

悬铃木属 *Platanus*

238 三球悬铃木 *Platanus orientalis* Linn*

习性:落叶大乔木,叶大,轮廓阔卵形,花 4 数;雄性球状花序无柄;雌性球状花序常有柄,有圆球形头状果序 3~5 个。头状果序直径 2~2.5 cm,宿存花柱突出呈刺状,小坚果之间有黄色茸毛,突出头状果序外。

用途:观赏,药用。

239 一球悬铃木 *Platanus occidentalis* Linn. *

习性:落叶大乔木,叶大、阔卵形,花通常 4~6 数,单性,聚成圆球形头状花序。头状果序圆球形,单生稀为 2 个,原产北美洲,头状果序单生。

用途:绿化,观赏。

240 二球悬铃木 *Platanus×acerifolia* (Ait.) Willd. *

习性:落叶大乔木,叶阔卵形,花通常 4 数,头状果序 1~2 个。

用途:绿化,食用,工业。

蔷薇科(Rosaceae)

绣线菊属 *Spiraea*

241 华北绣线菊 *Spiraea fritschiana* Schneid.

习性:灌木,高达2 m;叶卵形、椭圆状卵形或椭圆状长圆形,长3~8 cm;复伞房花序顶生于当年生直立新枝,多花,无毛;果序径7~11 cm。花期6月,果期7~8月。

用途:观赏,药用。

242 南川绣线菊 *Spiraea rosthornii* Pritz.

习性:灌木,高达2 m;叶卵状长圆形或卵状披针形;复伞房花序生于侧枝顶端,被短柔毛;蓇葖果开张,被柔毛,宿存花柱顶生,宿存萼片反折。花期5~6月,果期8~9月。

用途:绿化,切花。

243 陕西绣线菊 *Spiraea wilsonii* Duthie

习性:灌木,高达2.5 m;叶长圆形、倒卵形或椭圆状长圆形;复伞房花序着生侧枝顶端,径3~4.5 cm,被长柔毛;蓇葖果开张,密被短柔毛,宿存花柱顶生背部顶端,宿存萼片直立。花期5~7月,果期8~9月。

用途:绿化。

244 广椭绣线菊 *Spiraea ovalis* Rehd.

习性:灌木,高达3 m;叶宽椭圆形或长圆形,稀倒卵形;复伞房花序着生侧枝顶端,径3.5~6 cm,无毛;蓇葖果开张,微具短柔毛,宿存花柱生于背部顶端,宿存萼片直立。花期5~6月,果期8月。

用途:绿化。

245 珍珠绣线菊 *Spiraea thunbergii Sieb*. ex Blume.

习性:灌木,高达1.5 m;叶线状披针形;花梗长0.6~1 cm,无毛;蓇葖果开张,无毛,宿存花柱近顶生,宿存萼片直立或反折。花期4~5月,果期7月。

用途:观赏。

246　李叶绣线菊　*Spiraea prunifolia* Sieb. et Zucc.

习性:灌木,叶卵形或长圆状披针形;花梗长 1~2. 4 cm;有短柔毛;花重瓣,径 1~1. 2 cm,白色;雄蕊短于花瓣。花期 3~5 月。

用途:观赏。

247　单瓣李叶绣线菊　*Spiraea prunifolia* var. simpliciflora Nakai

习性:花单瓣,直径约 6 mm;蓇葖果仅在腹缝上具短柔毛,开张,花柱顶生于背部,具直立萼片。花期 3~4 月,果期 4~7 月。

用途:观赏。

248　绢毛绣线菊　*Spiraea sericea* Turcz.

习性:灌木,高达 2 m;叶卵状椭圆形或椭圆形;伞形总状花序具 15~30 花,无毛或具疏柔毛;蓇葖果直立开张,被柔毛,宿存花柱顶生斜展,宿存萼片反折。花期 6 月,果期 7~8 月。

用途:园林。

249　欧亚绣线菊　*Spiraea media* Schmidt

习性:直立灌木,叶椭圆形或披针形;伞形总状花序无毛;花梗长 1~1. 5 cm;蓇葖果稍直立开张,被柔毛,宿存花柱顶生,宿存萼片反折。花期 5~6 月,果期 6~8 月。

用途:观赏。

250　蒙古绣线菊　*Spiraea mongolica* Maxim.

习性:灌木,叶长圆形或椭圆形;伞形总状花序具花序梗,有 8~15 花,无毛;蓇葖果直立开张,沿腹缝稍有短柔毛或无毛,宿存花柱位于背部先端,宿存萼片直立或反折。花期 5~7 月,果期 7~9 月。

用途:绿化。

251　土庄绣线菊　*Spiraea pubescens* Turcz.

习性:灌木,高达 2 m;叶菱状卵形或椭圆形;伞形花序具花序梗,有 15~20 花;蓇葖果开张,腹缝微被短柔毛,宿存花柱顶生,宿存萼片直立。花期 5~6 月,果期 7~8 月。

用途:绿化。

252 中华绣线菊 *Spiraea chinensis* Maxim.

习性:灌木,高达 3 m;叶菱状卵形或倒卵形;伞形花序具 16~25 花;花梗长 5~9 mm,具茸毛;蓇葖果开张,被柔毛,宿存花柱顶生,宿存萼片直立,稀反折。花期 3~6 月,果期 6~10 月。

用途:观赏。

253 麻叶绣线菊 *Spiraea cantoniensis* Lour.

习性:灌木,叶菱状披针形或菱状长圆形;伞形花序具多花;花梗长 0.8~1.4 cm,无毛;蓇葖果直立开张,无毛,立开张。花期 4~5 月,果期 7~9 月。

用途:观赏。

254 石蚕叶绣线菊 *Spiraea chamaedryfolia* L.

习性:灌木,高达 1.5 m;叶宽卵形;伞形总状花序有 5~12 花;花梗长 6~8 mm;花径 6~9 mm;蓇葖果直立,有伏生短柔毛,宿存花柱直立,宿存萼片反折。花期 5~6 月,果期 7~9 月。

用途:观赏,蜜源。

255 三裂绣线菊 *Spiraea trilobata* L.

习性:灌木,叶近圆形;伞形花序具花序梗,无毛;蓇葖果开张,沿腹缝微被短柔毛或无毛,宿存花柱顶生,宿存萼片。花期 5~6 月,果期 7~8 月。

用途:观赏,工艺。

256 绣球绣线菊 *Spiraea blumei* G. Don

习性:灌木,叶菱状卵形或倒卵形;伞形花序有花序梗,无毛;蓇葖果无毛,宿存花柱位于背部顶端,宿存萼片直立。花期 4~6 月,果期 8~10 月。

用途:观赏,药用。

257 小叶绣球绣线菊 *Spiraea blumei* var. microphylla Rehd.

习性:叶片小,宽卵形,长 6~9 mm,边缘具波状锯齿,三出脉明显。伞形花序小。

用途:观赏,药用。

258　中华绣线菊　*Spiraea chinensis* Maxi

习性：灌木，高达 3 m；叶菱状卵形或倒卵形；伞形花序具 16~25 花；花梗长 5~9 mm，具茸毛；蓇葖果开张，被柔毛，宿存花柱顶生，宿存萼片直立，稀反折。花期 3~6 月，果期 6~10 月。

用途：观赏。

259　粉花绣线菊　*Spiraea japonica* L. f.

习性：直立灌木，高达 1.5 m；叶卵形或卵状椭圆形；复伞房花序生于当年生直立新枝顶端，密被短柔毛；蓇葖果半开张，无毛或沿腹缝有疏柔毛，宿存花柱顶生，稍倾斜开展，宿存萼片常直立。花期 6~7 月，果期 8~9 月。

用途：观赏。

260　绣线菊　*Spiraea salicifolia* L.

习性：直立灌木，高达 2 m；叶长圆状披针形或披针形；长圆形或金字塔形圆锥花序，长 6~13 cm；蓇葖果直立，无毛，沿腹缝有柔毛，宿存花柱顶生，倾斜开展，宿存萼片反折。花期 6~8 月，果期 8~9 月。

用途：观赏，蜜源。

珍珠梅属　*Sorbaria*

261　珍珠梅　*Sorbaria sorbifolia*（L.）A. Br.

习性：灌木，高达 2 m；羽状复叶；顶生密集圆锥花序，分枝近直立；蓇葖果长圆形，弯曲花柱长约 3 mm，果柄直立；萼片宿存，反折，稀开展。花期 7~8 月，果期 9 月。

用途：观赏。

262　华北珍珠梅　*Sorbaria kirilowii*（Regel）Maxim.

习性：灌木，高达 3 m，枝条开展；小枝圆柱形，稍有弯曲；冬芽卵形，红褐色。羽状复叶，具有小叶片 13~21，光滑无毛；托叶膜质，线状披针形；顶生大型密集的圆锥花序，无毛，微被白粉；花瓣倒卵形或宽卵形，白色。蓇葖果长圆柱形；萼片宿存，反折；果梗直立。花期 6~7 月，果期 9~10 月。

用途：观赏。

绣线梅属 *Neillia*

263 毛叶绣线梅 *Neillia ribesioides* Rehd.（*）

习性:灌木,小枝圆柱形,微屈曲,密被短柔毛。叶片三角形至卵状三角形,顶生总状花序;花瓣倒卵形;雄蕊 10~15,花丝短,药紫色,着生在萼筒边缘;蓇葖果长椭圆形,外被疏生腺毛。花期 5 月,果期 7~9 月。

用途:尚未引种。

264 中华绣线梅 *Neillia sinensis* Oliv

习性:灌木,小枝圆柱形,无毛。叶片卵形至卵状长椭圆形;顶生总状花序;花瓣倒卵形,淡粉色;蓇葖果长椭圆形。花期 5~6 月,果期 8~9 月。

用途:观赏,药用。

白鹃梅属 *Exochorda*

265 白鹃梅 *Exochorda racemosa*（Lindl.）Rehd.

习性:灌木,枝条细弱开展;小枝圆柱形,微有棱角,无毛,总状花序;花瓣倒卵形,白色;雄蕊 15~20,与花瓣对生;花柱分离。蒴果,倒圆锥形。花期 5 月,果期 6~8 月。

用途:观赏,食用,药用。

266 红柄白鹃梅 *Exochorda giraldii* Hesse

习性:落叶灌木,小枝细弱,开展,圆柱形,无毛。叶片椭圆形、长椭圆形、稀长倒卵形;叶柄常红色,无毛,不具托叶。总状花序;花瓣倒卵形或长圆倒卵形;蒴果倒圆锥形。花期 5 月,果期 7~8 月。

用途:观赏,药用。

栒子属 *Cotoneaster*

267 水栒子 *Cotoneaster multiflorus* Bge.

习性:落叶灌木,高达 4 m;疏散聚伞状伞房花序具 5~20 花,无毛,稀微具柔毛;果近球形或倒卵圆形,径 7~8 mm。花期 5~6 月,果期 8~9 月。

用途:观赏,园林。

268 毛叶水栒子 *Cotoneaster submultiflorus* Popov

习性:落叶直立灌木,高 2~4 m;叶卵形、菱状卵形或椭圆形;花多数,成聚伞花序;果近球形,径 6~7 mm。花期 5~6 月,果期 9 月。

用途:园林,药用,保持水土。

269 华中栒子 *Cotoneaster silvestrii* Pamp.

习性:落叶灌木,高 1~2 m;叶片椭圆形至卵形;聚伞花序有花 3~9 朵;果近球形,径 7~8 mm。花期 6 月,果期 9 月。

用途:尚未引种。

270 匍匐栒子 *Cotoneaster adpressus* Bois

习性:落叶匍匐灌木,茎平铺地上;叶薄纸质,宽卵形或倒卵形,稀椭圆形;花 1~2 朵,几无梗;果近球形,成熟时鲜红色。花期 5~6 月,果期 8~9 月。

用途:园林。

271 平枝栒子 *Cotoneaster horizontalis* Dcne.

习性:落叶或半常绿匍匐灌木,高不超过 0.5 m;叶片近圆形或宽椭圆形,革质;花 1~2 朵,近无梗,直径 5~7 mm;果实近球形,直径 4~6 mm,鲜红色。花期 5~6 月,果期 9~10 月。

用途:医用,园林。

272 灰栒子 *Cotoneaster acutifolius* Turcz.

习性:落叶灌木,高达 4 m;叶椭圆状卵形或长圆状卵形;聚伞状伞房花序具 2~5 花,被长柔毛;果椭圆形,稀倒卵圆形,径 6~8 mm。花期 5~6 月,果期 9~10 月。

用途:园林,药用。

273 细弱栒子 *Cotoneaster gracilis* Rehd. et Wils.

习性:落叶灌木,高 1~3 m;叶卵形至长圆状卵形;花梗长 3~6 mm;花径 6~7 mm;果倒卵圆形,径 5~6 mm。花期 5~6 月,果期 8~9 月。

用途:尚未引种。

274　西北栒子　*Cotoneaster zabelii* Schneid.

习性:落叶灌木,高达 2 m;叶片椭圆形至卵形;花 3~10 余朵成下垂聚伞状伞房花序,被柔毛;果倒卵圆形或近球形,径 7~8 mm。花期 5~6 月,果期 8~9 月。

用途:尚未引种。

火棘属　*Pyracantha*

275　全缘火棘　*Pyracantha atalantioides* (Hance) Stapf

习性:常绿灌木或小乔木,高达 6 m;叶椭圆形或长圆形,稀长圆状倒卵形;花多数组成复伞房花序,花序梗和花梗被黄褐色柔毛;梨果扁球形,径 4~6 mm,亮红色。花期 4~5 月,果期 9~11 月。

用途:观赏。

276　细圆齿火棘　*Pyracantha crenulata* (D. Don) Roem. *

习性:常绿灌木或小乔木,高达 5 m;叶长圆形或倒披针形,稀卵状披针形;复伞房花序生于主枝和侧枝顶端;梨果近球形,径 3~8 mm,熟时橘黄或橘红色。花期 3~5 月,果期 9~12 月。

用途:药用。

277　火棘　*Pyracantha fortuneana* (Maxim.) Li

习性:常绿灌木,高达 3 m;叶倒卵形或倒卵状长圆形;复伞房花序,花径约 1 cm;果近球形,径约 5 mm,橘红或深红色。花期 3~5 月,果期 8~11 月。

用途:木材,食用。

山楂属　*Crataegus*

278　山楂　*Crataegus pinnatifida* Bge.

习性:落叶乔木,高达 6 m;叶宽卵形或三角状卵形,稀菱状卵形;伞形花序具多花,径 4~6 cm;果近球形或梨形,深红色,小核 3~5。花期 5~6 月,果期 9~10 月。

用途:木材,观赏,食用,药用。

279　山里红　*Crataegus pinnatifida* var. *major* N. E. Brown *

习性:落叶乔木,果较大,径达 2.5 cm,果深亮红色;叶较大,分裂较浅:植株生长茂盛。花期 5~6 月,果期 9~10 月。

用途:木材,观赏,食用,药用。

280　野山楂　*Crataegus cuneata* Sieb. et Zucc.

习性:落叶灌木,高达 1.5 m;叶宽倒卵形至倒卵状长圆形;伞房花序径 2~2.5 cm,具 5~7 花;果近球形或扁球形,径 1~1.2 cm,红色或黄色,常有宿存反折萼片或 1 苞片;小核 4~5,两侧平滑。花期 5~6 月,果期 9~11 月。

用途:食用,药用。

281　湖北山楂　*Crataegus hupehensis* Sarg.

习性:乔木或灌木,高达 5 m;叶卵形至卵状长圆形;伞房花序径 3~4 cm;果近球形,径约 2.5 cm,深红色,有斑点,宿存萼片反折;小核 5。花期 5~6 月,果期 8~9 月。

用途:木材,食用。

282　华中山楂　*Crataegus wilsonii* Sarg.

习性:落叶灌木,高达 7 m;叶卵形或倒卵形,稀三角状卵形;伞房花序具多花;果椭圆形,径 6~7 mm,红色,萼片宿存反折:小核 1~3,两侧有深凹痕。花期 5 月,果期 8~9 月。

用途:木材,观赏,食用,药用。

283　甘肃山楂　*Crataegus kansuensis* Wils.

习性:灌木或乔木,高达 8 m;叶宽卵形;伞房花序具 8~18 花,径 3~4 cm,花序梗和花梗均无毛;果近球形,径 0.8~1 cm,红或橘黄色,萼片宿存。花期 5 月,果期 7~9 月。

用途:木材,观赏,食用,药用。

红果树属　*Stranvaesia*

284　红果树　*Stranvaesia davidiana* Dcne.

习性:灌木或小乔木,高达 10 m;叶长圆形、长圆状披针形或倒披针形;复伞房花序密集多花;梨果近球形,成熟时橘红色,径 7~8 mm。花期 5~6 月,果期 9~10 月。

用途:观赏。

石楠属 *Photinia*

285 贵州石楠 *Photinia bodinieri* Levl

习性:乔木,叶革质,卵形、倒卵形或长圆形;复伞房花序顶生,径约 5 cm。花期 5 月。

用途:木材,观赏。

286 石楠 *Photinia serrulata* Lindl.

习性:常绿灌木或小乔木,高达 6~12 m;叶革质,长椭圆形;复伞房花序顶生,径 10~16 cm;果球形,径 5~6 mm,成熟时红色,后褐紫色。花期 4~5 月,果期 10 月。

用途:木材,食用,药用,观赏。

287 光叶石楠 *Photinia glabra* (Thunb.) Maxim.

习性:常绿乔木,高达 5~7 m;叶革质,椭圆形、长圆形或长圆状倒卵形;花多数,顶生复伞房花序;果卵圆形,红色。花期 4~5 月,果期 9~10 月。

用途:木材,食用,药用,观赏。

288 小叶石楠 *Photinia parvifolia* (Pritz.) Schneid.

习性:落叶灌木,高达 3 m;叶草质,椭圆形、椭圆状卵形或菱状卵形;花 2~9 组成伞形花序;果椭圆形或卵圆形。花期 4~5 月,果期 7~8 月。

用途:观赏,药用。

289 中华石楠 *Photinia beauverdiana* Schneid.

习性:落叶灌木或小乔木,高达 10 m;叶薄纸质,长圆形、倒卵状长圆形或卵状披针形;花多数组成复伞房花序;果卵圆形,长 7~8 mm。花期 5 月,果期 7~8 月。

用途:药用。

290 短叶中华石楠 *Photinia beauverdiana* Schneid. var. *brevifolia* Card.

习性:落叶灌木或小乔木;叶卵形、椭圆形或倒卵形,先端短尾状渐尖,基部圆,侧脉 6~8 对,不明显;花柱 3 合生。花期 5 月,果期 7~8 月。

用途:观赏。

291　毛叶石楠　*Photinia villosa*（Thunb.）DC.

习性:落叶灌木或小乔木,高达 5 m;花 10~20 朵,成顶生伞房花序,径 3~5 cm;果椭圆形或卵形,长 0.8~1 cm,径 6~8 mm。花期 4 月,果期 8~9 月。

用途:药用。

292　红叶石楠　*Photinia ×fraseri* Dress *

习性:常绿小乔木或灌木,高达 4~6 m;叶互生,长椭圆形或倒卵状椭圆形;复伞房花序顶生,花白色;果球形,径 5~6 mm,红色或褐紫色。花期 5~7 月,果期 9~10 月。

用途:园林。

枇杷属　*Eriobotrya*

293　枇杷　*Eriobotrya japonica*（Thunb.）Lindl. *

习性:常绿小乔木,高达 10 m;叶革质,披针形、倒披针形、倒卵形或椭圆状长圆形;花多数组成圆锥花序;果球形或长圆形,黄或橘黄色。花期 10~12 月,果期 5~6 月。

用途:食用,药用,木材,观赏,蜜源。

花楸属　*Sorbus*

294　水榆花楸　*Sorbus alnifolia*（Sieb. et Zucc.）K. Koch

习性:乔木,高达 20 m;叶片卵形至椭圆卵形;复伞房花序较疏松,具花 6~25 朵;果实椭圆形或卵形。花期 5 月,果期 8~9 月。

用途:观赏,木材,工业。

295　美脉花楸　*Sorbus caloneura*（Stapf）Rehd.

习性:乔木或灌木,高达 10 m;叶长椭圆形、卵状长椭圆形或倒卵状长椭圆形;复伞房花序有多花,花萼疏被柔毛;果球形,稀倒卵圆形。花期 4 月,果期 8~10 月。

用途:药用。

296　石灰花楸　*Sorbus folgneri*（Schneid.）Rehd.

习性:乔木,高达 10 m;叶长卵形、椭圆形或长圆形;复伞房花序具 20~30 花,被白色茸毛;果长圆形或倒卵状长圆形,径 6~9 mm,长 0.9~1.5 cm。花期 4~5 月,果期 7~8 月。

用途:药用,木材,观赏。

297　江南花楸　*Sorbus hemsleyi*（Schneid.）Rehd.

习性:乔木或灌木,高达 10 m;叶卵形或长椭圆状倒卵形;复伞房花序有 20~30 花;果近球形,径 5~9 mm,具少数皮孔。花期 5 月,果期 8~9 月。

用途:观赏。

298　北京花楸　*Sorbus discolor*（Maxim.）Maxim.

习性:乔木,高达 10 m;奇数羽状复叶;复伞房花序较疏散,无毛;果卵圆形,径 6~8 mm。花期 5 月,果期 8~9 月。

用途:观赏。

299　花楸树　*Sorbus pohuashanensis*（Hance）Hedl.

习性:乔木,奇数羽状复叶;复伞房花序具多花,密被白色茸毛;果近球形,径 6~8 mm。花期 6 月,果期 9~10 月。

用途:木材,观赏,食用,药用。

300　陕甘花楸　*Sorbus koehneana* Schneid.

习性:灌木或小乔木,奇数羽状复叶;复伞房花序,有疏白色柔毛;果球形,径 6~8 mm。花期 6 月,果期 9 月。

用途:观赏。

榅桲属　*Cydonia*

301　榅桲　*Cydonia oblonga* Mill. *

习性:灌木或小乔木,有时高达 8 m;单叶,互生,卵形或长圆形,长 5~10 cm,花单生;果实梨形,直径 3~5 cm,密被短茸毛,黄色,有香味。花期 4~5 月,果期 10 月。

用途:食用,药用,木材,工业。

木瓜属　*Chaenomeles*

302　贴梗海棠　*Chaenomeles japonica*(Thunb.) Lindl. *

习性:矮灌木,叶倒卵形、匙形或宽卵形;花 3~5 朵簇生;果近球形,径 3~4 mm,黄色,萼片脱落。花期 3~6 月,果期 8~10 月。

用途:观赏。

303　木瓜海棠　*Chaenomeles cathayensis* Schneid. *

习性: 落叶灌木或小乔木,高达 6 m;叶椭圆形、披针形至倒卵状披针形;果卵球形或近圆柱形,长 8~12 cm,黄色,有红晕。花期 3~5 月,果期 9~10 月。

用途:食用。

304　日本海棠　*Chaenomeles japonica* (Thunb.) Lindl. ex Spach(*)

习性:矮灌木,高约 1 m,枝条广开,有细刺;小枝粗糙;冬芽三角卵形,紫褐色;叶片倒卵形、匙形至宽卵形;托叶肾形有圆齿;花砖红色;果实近球形,黄色。花期 3~6 月,果期 8~10 月。

用途:观赏。

305　木瓜　*Chaenomeles sinensis* (Thouin) Koehne *

习性:灌木或小乔木,高达 10 m;叶椭圆形或椭圆状长圆形,稀倒卵形;果长椭圆形,长 10~15 cm,暗黄色,木质;味芳香;果柄短。花期 4 月,果期 9~10 月。

用途:观赏,食用,药用,木材。

梨属　*Pyrus*

306　秋子梨　*Pyrus ussuriensis* Maxim.

习性:乔木,高达 15 m;叶卵形至宽卵形;花 5~7 朵,密集;果近球形,黄色,径 2~6 cm。花期 5 月,果期 8~10 月。

用途:食用,木材。

307　麻梨　*Pyrus serrulata* Rehd.

习性:乔木,高达 10 m;叶卵形至长卵形;花 6~11 组成伞形总状花序;果近球形或倒卵球形,长 1.5~2.2 cm。花期 4 月,果期 6~8 月。

用途:药用,食用。

308　西洋梨　*Pyrus communis* var. *sativa* (DC.) DC. *

习性:乔木,叶长 5~10 cm,宽 3~6 cm;花梗和花序梗密被茸毛,花径 2.5~4 cm;果柄粗厚,长 2.5~5 cm。花期 4 月,果期 7~9 月。

用途:食用。

309　木梨　*Pyrus xerophila* Yü

习性:乔木,高达 10 m;叶卵形或长卵形,稀长椭圆状卵形;伞形总状花序,有 3~6 花;果卵球形或椭圆形,径 1~1.5 cm。花期 4 月,果期 8~9 月。

用途:木材。

310　豆梨　*Pyrus calleryana* Dcne.

习性:乔木,高达 8 m;叶宽卵形至卵形,稀长椭圆形;花 6~12 组成伞形总状花序,径 4~6 cm;梨果球形,径约 1 cm。花期 4 月,果期 8~9 月。

用途:木材。

311　白梨　*Pyrus bretschneideri* Rehd.

习性:乔木,高达 8 m;叶卵形或椭圆状卵形;花 7~10 组成伞形总状花序;果卵球形或近球形,长 2.5~3 cm,径 2~2.5 cm。花期 4 月,果期 8~9 月。

用途:食用。

312　沙梨　*Pyrus pyrifolia* (Burm. F.) Nakai

习性:乔木,高达 15 m;叶卵状椭圆形或卵形;花 6~9 组成伞形总状花序;果近球形,浅褐色,有浅色斑点。花期 4 月,果期 8 月。

用途:药用。

313 杜梨 *Pyrus betulifolia* Bunge

习性:乔木,高达 10 m;叶片菱状卵形至长圆卵形;伞形总状花序,有花 10~15 朵;果实近球形,直径 5~10 mm。花期 4 月,果期 8~9 月。

用途:木材,药用,工业。

314 褐梨 *Pyrus phaeocarpa* Rehd.

习性:乔木,高达 8 m;叶椭圆状卵形至长卵形;花 5~8 组成伞形总状花序;果球形或卵圆形,径 2~2.5 cm。花期 4 月,果期 8~9 月。

用途:木材。

苹果属 *Malus*

315 山荆子 *Malus baccata*（L.）Borkh.

习性:乔木,高达 14 m;叶椭圆形或卵形;花 4~6 组成伞形花序;果近球形,径 0.8~1 cm,红或黄色,柄洼及萼洼稍微陷入。花期 4~6 月,果期 9~10 月。

用途:观赏,木材。

316 湖北海棠 *Malus hupehensis*（Pamp.）Rehd.

习性:乔木,高达 8 m;叶卵形至卵状椭圆形;花 4~6 组成伞房花序;果椭圆形或近球形,径约 1 cm,黄绿色,稍带红晕,萼片脱落。花期 4~5 月,果期 8~9 月。

用途:木材,食用,观赏。

317 垂丝海棠 *Malus halliana* Koehne

习性:乔木,高达 5 m;叶卵形、椭圆形至长椭圆状卵形;花 4~6 组成伞房花序;果梨形或倒卵圆形,径 6~8 mm。花期 3~4 月,果期 9~10 月。

用途:药用,观赏,食用。

318 苹果 *Malus pumila* Mill. *

习性:乔木,高达 15 m;叶椭圆形、卵形或宽椭圆形;伞形花序,具 3~7 花,集生枝顶;果扁球形,径 7 cm 以上。花期 5 月,果期 7~10 月。

用途:食用。

319　楸子　*Malus prunifolia*（Willd.）Borkh.

习性:小乔木,叶卵形或椭圆形;花 4~10 朵,近似伞房花序;果卵圆形,径 2~2.5 cm。花期 4~5 月,果期 8~9 月。

用途:木材,食用。

320　海棠花　*Malus spectabilis*（Ait.）Borkh. *

习性:乔木,高达 8 m;叶椭圆形至长椭圆形;花 4~6 组成近伞形花序;果近球形,径 2 cm,黄色。花期 4~5 月,果期 8~9 月。

用途:观赏。

321　重瓣粉红海棠花　*Malus spectabilis*（Ait.）Borkh. var. *riversii*（Kirchn.）Rehd.

习性:此变种为乔木,花瓣粉红色,重瓣。花期 4~5 月,果期 8~9 月。

用途:观赏。

322　重瓣白海棠花　*Malus spectabilis*（Ait.）Borkh. var. *albiplena* Schelle

习性:此变种为乔木,花瓣白色,重瓣。花期 4~5 月,果期 8~9 月。

用途:观赏。

323　西府海棠　*Malus* × *micromalus* Makino *

习性:小乔木,高达 2.5~5 m;叶片形状较狭长,基部楔形,叶边锯齿稍锐;伞形总状花序,有花 4~7 朵。花期 4~5 月,果期 8~9 月。

用途:木材,观赏。

324　河南海棠　*Malus honanensis* Rehd.

习性:灌木或小乔木,高达 7 m;叶宽卵形至长椭圆状卵形;花瓣粉白色,卵形,基部有短瓜;果近球形,径约 8 mm,黄红色;有宿存萼片。花期 5 月,果期 8~9 月。

用途:观赏,食用,木材。

325　三叶海棠　*Malus sieboldii*（Regel）Rehd.

习性：灌木，高 2~6 m；叶片卵形、椭圆形或长椭圆形；花 4~8 朵，集生于小枝顶端；果实近球形，直径 6~8 mm。花期 4~5 月，果期 8~9 月。

用途：观赏，木材。

326　花叶海棠　*Malus transitoria*（Batal.）Schneid.

习性：灌木至小乔木，高达 8 m；叶卵形至宽卵形；苞片膜质，线状披针形，被毛，早落；果近球形，径 6~8 mm。花期 5 月，果期 9 月。

用途：木材，食用。

327　陇东海棠　*Malus kansuensis*（Batal.）Schneid.

习性：灌木至小乔木，高达 5 m；叶卵形或宽卵形；伞形总状花序有 4~10 花；果椭圆形或倒卵状圆形，径 1~1.5 cm。花期 5~6 月，果期 7~8 月。

用途：观赏。

唐棣属　Amelanchier

328　唐棣　*Amelanchier sinica*（Schneid.）Chun

习性：小乔木，高达 5~15 m；叶卵形或长椭圆形；总状花序具多花；果近球形或扁圆形，径约 1 cm，蓝黑色；宿存萼片反折。花期 5 月，果期 9~10 月。

用途：观赏，药用。

棣棠属　Kerria

329　棣棠　*Kerria japonica*（L.）DC.

习性：落叶灌木，高 1~2 m；小枝绿色，叶互生，三角状卵形或卵圆形；单花，着生在当年生侧枝顶端；花瓣黄色，瘦果倒卵形至半球形，褐色或黑褐色，表面无毛，有皱褶。花期 4~6 月，果期 6~8 月。

用途：药用。

330 重瓣棣棠花 *Kerria japonica* (L.) DC. f. *pleniflora* (Witte) Rehd.

习性:落叶灌木,高 1~2 m;小枝绿色,叶互生,三角状卵形或卵圆形;单花,着生在当年生侧枝顶端;花瓣黄色,瘦果倒卵形至半球形,褐色或黑褐色,表面无毛,有皱褶。花期 4~6 月,果期 6~8 月。

用途:观赏。

鸡麻属 *Rhodotypos*

331 鸡麻 *Rhodotypos scandens* (Thunb.) Makino

习性:落叶灌木,小枝紫褐色,叶对生,卵形;单花顶生于新梢上;花直径 3~5 cm;萼片大,卵状椭圆形;花瓣白色,倒卵形。核果 1~4,黑色或褐色,斜椭圆形。花期 4~5 月,果期 6~9 月。

用途:观赏,药用。

悬钩子属 *Rubus*

332 灰白毛莓 *Rubus tephrodes* Hance

习性:灌木,枝密被灰白色茸毛。单叶,近圆形,基部有掌状 5 出脉;雄蕊多数,花丝基部稍膨大;雌蕊长于雄蕊。果实球形,较大,紫黑色,无毛,由多数小核果组成;核有皱纹。花期 6~8 月,果期 8~10 月。

用途:药用。

333 三花悬钩子 *Rubus trianthus* Focke

习性:灌木,枝细瘦,暗紫色,无毛。单叶,卵状披针形或长圆披针形,3 裂或不裂;花常 3 朵,有时花超过 3 朵而成短总状花序,常顶生;雄蕊多数,花丝宽扁;果实近球形,红色,无毛;核具皱纹。花期 4~5 月,果期 5~6 月。

用途:药用。

334 木莓 *Rubus swinhoei* Hance

习性:灌木,茎细而圆,暗紫褐色,花常 5~6 朵,成总状花序;花瓣白色,宽卵形或近圆形;雄蕊多数,花丝基部膨大,无毛;雌蕊多数,比雄蕊长很多,子房无毛。果实球形,无毛,成熟时由绿紫红色转变为黑紫色,味酸涩;核具明显皱纹。花期 5~6 月,果期 7~8 月。

用途:食用。

335　山莓　*Rubus corchorifolius* L. f.

习性:灌木,枝具皮刺,幼时被柔毛。单叶,卵形至卵状披针形,基部具3脉;萼片卵形或三角状卵形;花瓣长圆形或椭圆形,白色;雄蕊多数,花丝宽扁;雌蕊多数,子房有柔毛。果实由很多小核果组成,近球形或卵球形,红色,密被细柔毛;核具皱纹。花期2~3月,果期4~6月。

用途:食用,药用。

336　盾叶莓　*Rubus peltatus* Maxim.

习性:直立或攀缘灌木,枝红褐色或棕褐色,无毛,疏生皮刺,小枝常有白粉。叶片盾状,卵状圆形,基部心形。单花顶生;果实圆柱形或圆筒形,橘红色,密被柔毛;核具皱纹。花期4~5月,果期6~7月。

用途:食用,药用。

337　牛叠肚　*Rubus crataegifolius* Bge.

习性:直立灌木,高达6 m,树皮粗糙,暗灰色或灰褐色;叶片宽卵形或三角状卵形。伞房花序具多花;花药粉红色,柱头头状。果实近球形或梨形,深红色,有浅色斑点。花期5~6月,果期7~9月。

用途:食用,药用。

338　粉枝莓　*Rubus biflorus* Buch. -Ham. ex Smith

习性:灌木,枝紫褐色至棕褐色,无毛,具白粉霜。小叶常3枚,稀5枚。花通常2~3朵簇生;花瓣近圆形,白色。果实球形,黄色;核肾形,具细密皱纹。花期5~6月,果期7~8月。

用途:食用。

339　绵果悬钩子　*Rubus lasiostylus* Focke

习性:灌木,枝红褐色,有时具白粉。花2~6朵成顶生伞房状花序,有时1~2朵腋生;花瓣近圆形,红色。果实球形,红色,外面密被灰白色长茸毛和宿存花柱。花期6月,果期8月。

用途:食用。

340　红毛悬钩子　*Rubus pinfaensis* Levl. Et Vant.

习性:灌木,小枝粗壮,红褐色,有棱。小叶3枚,椭圆形、卵形、稀倒卵形。花数朵在叶腋团聚成束,稀单生;花瓣长倒卵形,白色;果实球形,熟时金黄色或红黄色,无毛;核有深刻皱纹。花期3~4月,果期5~6月。

用途:药用。

341　多腺悬钩子　*Rubus phoenicolasius* Maxim.

习性:灌木,枝初直立后蔓生,密生红褐色刺毛、腺毛和稀疏皮刺。小叶3枚,卵形、宽卵形或菱形,稀椭圆形,下面密被灰白色茸毛;花较少数,形成短总状花序,顶生或部分腋生;花瓣直立,倒卵状匙形或近圆形,紫红色。果实半球形,红色,无毛;核有明显皱纹与洼穴。花期5~6月,果期7~8月。

用途:食用,药用。

342　茅莓　*Rubus parvifolius* L.

习性:灌木,枝呈弓形弯曲,被柔毛和稀疏钩状皮刺;小叶3枚,菱状圆形或倒卵形,下面密被灰白色茸毛;伞房花序顶生或腋生;花瓣卵圆形或长圆形,粉红至紫红色,基部具爪果实卵球形,红色,无毛或具稀疏柔毛;核有浅皱纹。花期5~6月,果期7~8月。

用途:食用,药用。

343　腺花茅莓　*Rubus parvifolius var. adenochlamys* (Focke) Migo

习性:灌木,本变种花萼或花梗具带红色腺毛。花期5~6月,果期7~8月。

用途:食用,药用。

344　腺毛莓　*Rubus adenophorus* Rolfe

习性:灌木,小枝浅褐色至褐红色,具紫红色腺毛、柔毛和宽扁的稀疏皮刺。小叶3枚,宽卵形或卵形,上下两面均具稀疏柔毛。总状花序顶生或腋生;花瓣倒卵形或近圆形,紫红色;果实球形,红色,无毛或微具柔毛;核具显明皱纹。花期4~6月,果期6~7月。

用途:药用。

345　复盆子　*Rubus idaeus* L.

习性:灌木,枝褐色或红褐色。小叶长卵形或椭圆形;花生于侧枝顶端成短总状花序或少花腋生;花瓣匙形,白色;果实近球形,多汁液,红色或橙黄色,密被短茸毛;核具明显洼孔。花期5~6月,果期8~9月。

用途:食用,药用。

346　喜阴悬钩子　*Rubus mesogaeus* Focke

习性:攀援灌木,老枝有稀疏基部宽大的皮刺。小叶常3枚,顶生小叶宽菱状卵形或椭圆卵形,伞房花序生于侧生小枝顶端或腋生;果实扁球形,紫黑色,无毛。花期4~5月,果期7~8月。

用途:食用,药用。

347　白叶莓　*Rubus innominatus* S. Moore

习性:灌木,枝拱曲,褐色或红褐色。总状或圆锥状花序,顶生或腋生,腋生花序常为短总状;花瓣倒卵形或近圆形,紫红色;雄蕊稍短于花瓣;花柱无毛;子房稍具柔毛。果实近球形,橘红色。花期5~6月,果期7~8月。

用途:药用,食用。

348　秀丽莓　*Rubus amabilis* Focke

习性:灌木,枝紫褐色或暗褐色,无毛,具稀疏皮刺;花单生于侧生小枝顶端,下垂;果实长圆形稀椭圆形,红色,幼时具稀疏短柔毛,老时无毛,可食。花期4~5月,果期7~8月。

用途:食用。

349　香莓　*Rubus pungens* var. *oldhamii* (Miq.) Maxim.

习性:灌木,枝上针刺较稀少,花萼上具疏密不等的针刺或近无刺;花枝、叶柄、花梗和花萼上无腺毛或仅于局部如花萼或花梗上有稀疏短腺毛。花期4~5月,果期7~8月。

用途:药用。

350　菰帽悬钩子　*Rubus pileatus* Focke

习性:攀缘灌木,小枝紫红色,无毛,被白粉,疏生皮刺。伞房花序顶生,稀单花腋生;果实卵球形,红色,具宿存花柱,密被灰白色茸毛。花期6~7月,果期8~9月。

用途:食用,药用。

351　插田泡　*Rubus coreanus* Miq.

习性:灌木,枝粗壮,红褐色。小叶通常5枚,卵形、菱状卵形或宽卵形;伞房花序生于侧枝顶端,花瓣倒卵形,淡红色至深红色;雄蕊比花瓣短或近等长,花丝带粉红色;雌蕊多数。果实近球形,深红色至紫黑色,无毛或近无毛;核具皱纹。花期4~5月,果期6~8月。

用途:食用,药用。

352　毛叶插田泡　*Rubus coreanus* var. *tomentosus* Card.

习性:灌木,枝粗壮,红褐色,具近直立或钩状扁平皮刺。小叶通常5枚,卵形、菱状卵形或宽卵形,伞房花序生于侧枝顶端;果实近球形,深红色至紫黑色,无毛或近无毛。花期4~5月,果期6~8月。

用途:食用,药用。

353 柱序悬钩子 *Rubus subcoreanus* Yü et Lu

习性:灌木,枝红褐色,小叶常5枚,卵形、宽卵形或菱状卵形,总状花序短缩成圆柱形,生于侧枝顶端;果实近球形,红色,无毛或近无毛。花期5~6月,果期7~8月。

用途:尚未引种。

354 蓬蘽 *Rubus hirsutus* Thunb.

习性:灌木,高1~2 m;枝红褐色或褐色,被柔毛和腺毛,疏生皮刺。小叶3~5枚,卵形或宽卵形;托叶披针形或卵状披针形,两面具柔毛。花白色常单生于侧枝顶端;萼片卵状披针形或三角披针形,外面边缘被灰白色茸毛,花后反折。果实近球形,直径1~2 cm,无毛。花期4月,果期5~6月。

用途:食用,药用。

355 华中悬钩子 *Rubus cockburnianus* Hemsl.

习性:灌木,高1.5~3 m,小枝红褐色,无毛,被白粉,具稀疏钩状皮刺。圆锥花序顶生,侧生花序为总状或近伞房状花瓣小粉红色,近圆形;果实近球形,紫黑色,微具柔毛或几无毛。花期5~7月,果期8~9月。

用途:食用。

356 弓茎悬钩子 *Rubus flosculosus* Focke

习性:灌木,枝拱曲,红褐色,顶生花序为狭圆锥花序,侧生者为总状花序;雄蕊多数,花药紫色,花丝线形;果实球形,红色至红黑色,无毛或微具柔毛。花期6~7月,果期8~9月。

用途:食用。

357 黄果悬钩子 *Rubus xanthocarpus* Bureau et Franch.

习性:低矮半灌木,根状茎匍匐,木质;花1~4朵成伞房状,顶生或腋生,稀单生;雄蕊多数,花丝宽扁;雌蕊多数,子房近顶端有柔毛。果实扁球形,橘黄色,无毛。花期5~6月,果期8月。

用途:食用,药用。

蔷薇属 *Rosa*

358 金樱子 *Rosa laevigata* Michx.

习性:灌木,高可达 5 m;小枝粗壮,小叶革质;花单生于叶腋;雄蕊多数;心皮多数,花柱离生,有毛,比雄蕊短很多。果梨形、倒卵形,稀近球形,紫褐色。花期 4~6 月,果期 7~11 月。

用途:食用,药用。

359 木香花 *Rosa banksiae* Ait. (*)

习性:小灌木,小枝圆柱形,无毛,有短小皮刺;花小形,多朵成伞形花序;花瓣重瓣至半重瓣,白色;心皮多数,花柱离生,密被柔毛,比雄蕊短很多。花期 4~5 月。

用途:观赏,蜜源。

360 单瓣黄木香 *Rosa banksiae* f. *lutescens* Voss. (*)

习性:灌木,落叶或常绿,有刺或无刺。冬芽常具数个鳞片,有时仅具 2 个。叶互生,稀对生,单叶或复叶,有显明托叶,稀无托叶。花期 4~5 月。

用途:药用。

361 小果蔷薇 *Rosa cymosa* Tratt.

习性:灌木,小枝圆柱形,无毛或稍有柔毛,有钩状皮刺。小叶 3~5;花多朵成复伞房花序;花瓣白色,倒卵形;果球形,红色至黑褐色,萼片脱落。花期 5~6 月,果期 7~11 月。

用途:药用。

362 香水月季 *Rosa odorata* (Andr.) Sweet. *

习性:灌木,有长匍匐枝,枝粗壮,无毛,有散生而粗短钩状皮刺;小叶片椭圆形、卵形或长圆卵形。花单生或 2~3 朵;果实呈压扁的球形,稀梨形,外面无毛,果梗短。花期 6~9 月。

用途:观赏。

363 月季 *Rosa chinensis* Jacq. *

习性:直立灌木。小枝粗壮,圆柱形,近无毛,有短粗的钩状皮刺。花几朵集生,稀单生;花瓣重瓣至半重瓣,红色、粉红色至白色。果卵球形或梨形,红色,萼片脱落。花期 4~9 月,果期 6~11 月。

用途:观赏,药用。

364　小月季　*Rosa chinensis* var. *minima* (Sims.) Voss.

习性:灌木,小枝粗壮,圆柱形,近无毛,有短粗的钩状皮刺或无刺。花几朵集生,稀单生;花瓣重瓣至半重瓣,红色、粉红色至白色。果卵球形或梨形,红色,萼片脱落。花期4~10月,果期9~11月。

用途:药用,观赏。

365　紫月季花　*Rosa chinensis* var. *semperflorens* (Curtis) Koehne(*)

习性:直立灌木,本变种枝条纤细,有短皮刺;具有小叶5片,无毛;花大部单生或2~3朵,深红色或深紫色,重瓣,有细长花梗。

用途:观赏。

366　野蔷薇　*Rosa multiflora* Thunb.

习性:攀援灌木,小枝圆柱形。小叶5~9,花多朵,排成圆锥状花序;花瓣白色,花柱结合成束,无毛,比雄蕊稍长。果近球形,红褐色或紫褐色,有光泽,无毛,萼片脱落。

用途:观赏。

367　粉团蔷薇　*Rosa multiflora* var. *cathayensis* Rehd. et Wils.(*)

习性:灌木,本变种花为粉红色,单瓣。小枝圆柱形,通常无毛。小叶5~9,花多朵,排成圆锥状花序;花柱结合成束,无毛,比雄蕊稍长。果近球形,红褐色或紫褐色。

用途:工业,药用,绿化。

368　七姊妹　*Rosa multiflora* var. *carnea* Thory(*)

习性:灌木,本变种为重瓣,粉红色。小枝圆柱形,通常无毛。小叶5~9,花多朵,排成圆锥状花序;花柱结合成束,无毛,比雄蕊稍长。果近球形,红褐色或紫褐色。

用途:观赏,可作护坡及棚架之用。

369　白玉堂　*Rosa multiflora* var. *alboplena* T. T. Yu et T. C. Ku(*)

习性:灌木,本变种花为白色,重瓣。小枝圆柱形,通常无毛。小叶5~9,花多朵,排成圆锥状花序;花柱结合成束,无毛,比雄蕊稍长。果近球形,红褐色或紫褐色。

用途:观赏。

370　软条七蔷薇　*Rosa henryi* Bouleng.

习性：灌木，花白色，单瓣。有长匍枝；小叶通常5，花5~15朵，成伞形伞房状花序；花瓣白色，单瓣。果近球形，成熟后褐红色。

用途：观赏。

371　悬钩子蔷薇　*Rosa rubus* Lévl. et Vant.

习性：灌木，小枝圆柱形，通常被柔毛，花10~25朵，排成圆锥状伞房花序；花瓣白色，花柱结合成柱，比雄蕊稍长，外被柔毛。果近球形，猩红色至紫褐色。花期4~6月，果期7~9月。

用途：蜜源。

372　缫丝花　*Rosa roxburghii* Tratt.

习性：开展灌木，树皮灰褐色，成片状剥落；花单生或2~3朵；花瓣重瓣至半重瓣，淡红色或粉红色，微香，倒卵形，外轮花瓣大，内轮较小；雄蕊多数着生在杯状萼筒边缘；花柱离生短于雄蕊。果扁球形，绿红色，外面密生针刺。花期5~7月，果期8~10月。

用途：食用，药用，观赏。

373　法国蔷薇　*Rosa gallica* L. (*)

习性：灌木，原产中欧、南欧及西亚，有重瓣及半重瓣者。有刺直立灌木；叶小互生，通常3~5，小叶片革质，近心形，有重锯齿；花单生或排成伞房花序或圆锥花序；花瓣5，有重瓣及半重瓣者，花数朵或单生。

用途：观赏。

374　百叶蔷薇　*Rosa centifolia* L. (*)

习性：灌木，小枝上有不等皮刺；小叶5~7；花单生，无苞片；常重瓣；芳香；花瓣粉红色；花柱离生，被毛。果卵球形或近球形，萼片宿存。

用途：观赏。

375　黄蔷薇　*Rosa hugonis* Hemsl.

习性：灌木，枝粗壮；常呈弓形；小枝圆柱形，无毛，皮刺扁平，常混生细密针刺。小叶5~13。花单生于叶腋，无苞片；花瓣黄色，宽倒卵形；雄蕊多数，着生在坛状萼筒口的周围；花柱离生，比雄蕊短。果实扁球形，紫红色至黑褐色。花期5~6月，果期7~8月。

用途：药用，观赏，蜜源。

376　黄刺玫　*Rosa xanthina* Lindl.

习性:灌木,枝粗壮,密集,披散;小枝无毛,有散生皮刺,无针刺。小叶 7~13,花单生于叶腋,重瓣或半重瓣,黄色,无苞片;花瓣黄色,宽倒卵形;花柱离生比雄蕊短很多。果近球形或倒卵圆形,紫褐色或黑褐色。花期 4~6 月,果期 7~8 月。

用途:观赏。

377　玫瑰　*Rosa rugosa* Thunb. *

习性:直立灌木,茎粗壮,丛生;小枝密被茸毛。小叶 5~9,花单生于叶腋;花瓣倒卵形,重瓣至半重瓣,芳香,紫红色至白色;花柱离生比雄蕊短很多。果扁球形,直径 2~2.5 cm,砖红色,肉质,平滑。花期 5~6 月,果期 8~9 月。

用途:食用,蜜源。

378　刺梗蔷薇　*Rosa setipoda* Hemsl. et Wils.

习性:灌木,小枝圆柱形,微弓曲,无毛,散生宽扁皮刺,稀无刺。小叶 5~9,花为稀疏伞房花序;花瓣粉红色或玫瑰紫色,宽倒卵形;花柱离生比雄蕊短很多。果长圆状卵球形,深红色。花期 5~7 月,果期 7~10 月。

用途:观赏。

379　陕西蔷薇　*Rosa giraldii* Crép.

习性:灌木,小枝细弱,直立而开展,有疏生直立皮刺。小叶 7~9。花单生或 2~3 朵簇生;花瓣粉红色;花柱离生比雄蕊短。果卵球形,暗红色。花期 5~7 月,果期 7~10 月。

用途:观赏。

380　华西蔷薇　*Rosa moyesii* Hemsl. et Wils.

习性:灌木,小枝圆柱形,无毛或有稀疏短柔毛,有直立或稍弯曲、扁平而基部稍膨大皮刺,稀无刺。小叶 7~13,花瓣深红色;花柱离生比雄蕊短。果长圆卵球形或卵球形,紫红色。花期 6~7 月,果期 8~10 月。

用途:观赏。

381　美蔷薇　*Rosa bella* Rehd. et Wils.

习性:灌木,小枝圆柱形,细弱,散生直立的基部稍膨大的皮刺,老枝常密被针刺。小叶 7~9,花单生或 2~3 朵集生;花瓣粉红色;花柱离生比雄蕊短很多。果椭圆状卵球形,顶端有短颈,猩红色,有腺毛。花期 5~7 月,果期 8~10 月。

用途:食用,药用。

382 钝叶蔷薇 *Rosa sertata* Rolfe

习性:灌木,小枝圆柱形,细弱,无毛,散生直立皮刺或无刺。小叶 7~11,花单生或 3~5 朵,排成伞房状;花瓣粉红色或玫瑰色,宽倒卵形;花柱离生比雄蕊短。果卵球形,顶端有短颈,深红色。花期 6 月,果期 8~10 月。

用途:观赏。

扁核木属 *Prinsepia*

383 蕤核 *Prinsepia uniflora* Batal.

习性:灌木,老枝紫褐色,树皮光滑;小枝灰绿色或灰褐色,无毛或有极短柔毛;花单生或 2~3 朵,簇生于叶丛内;花瓣白色,有紫色脉纹,倒卵形;雄蕊 10,花药黄色,圆卵形,花丝扁而短,比花药稍长,着生在花盘上;核果球形,红褐色或黑褐色。花期 4~5 月,果期 8~9 月。

用途:食用,药用。

桃属 *Amygdalus*

384 榆叶梅 *Amygdalus triloba* (Lindl.) Ricker *

习性:灌木,叶似榆叶,常三裂,花似梅花。短枝上的叶常簇生,一年生枝上的叶互生;叶片宽椭圆形至倒卵形。花 1~2 朵,先于叶开放;花瓣近圆形或宽倒卵形,粉红色;果实近球形,红色;核近球形,具厚硬壳。花期 3~4 月。

用途:观赏。

385 重瓣榆叶梅 *Amygdalus triloba* f. *multiplex* (Bge.) Rehd. *

习性:落叶灌木,稀为小乔木。株高 2~5 m,短枝上的叶常簇生,1 年生枝上的叶互生,叶宽卵形至倒卵形。花瓣为扁圆形,花重瓣,粉红色;萼片通常 10 枚。

用途:观赏。

386 山桃 *Amygdalus davidiana* (Carr.) C. de Vos

习性:乔木,树冠开展,树皮暗紫色,光滑;叶片卵状披针形。花单生,先于叶开放;花瓣倒卵形或近圆形;雄蕊多数;花柱长于雄蕊或近等长。果实近球形,淡黄色;核球形或近球形。花期 3~4 月,果期 7~8 月。

用途:食用,木材。

387　桃　*Amygdalus persica* L.

习性：乔木，品种众多。树冠宽广而平展；树皮暗红褐色，老时粗糙呈鳞片状。花单生，先于叶开放；花瓣长圆状椭圆形至宽倒卵形，粉红色，罕为白色；果实形状和大小均有变异，卵形、宽椭圆形或扁圆形，色泽变化由淡绿白色至橙黄色。花期3~4月。

用途：食用，药用，观赏。

388　离核毛桃 *Amygdalus persica* var. *aganopersica* Reich.

习性：乔木，果皮被短柔毛，果肉与核分离。叶为窄椭圆形至披针形；树皮暗灰色，随年龄增长出现裂缝；花单生，从淡至深粉红或红色；近球形核果，为橙黄色泛红色，内含白色种子。

用途：食用，观赏。

389　粘核光桃　*Amygdalus persica* var. *scleronucipersica* (Schiibler & Martens) Yu et Lu

习性：乔木，果皮光滑无毛，果肉与核不分离。树冠宽广而平展；树皮暗红褐色，老时粗糙呈鳞片状。花单生，先于叶开放；花瓣长圆状椭圆形至宽倒卵形，粉红色，罕为白色；果实形状和大小均有变异，卵形、宽椭圆形或扁圆形，色泽变化由淡绿白色至橙黄色。

用途：食用，观赏。

390　离核光桃　*Amygdalus persica* var. *aganonucipersica* (Schtibler & Martens) Yu et Lu

习性：乔木，果皮光滑无毛，果肉与核分离。树冠宽广而平展；树皮暗红褐色，老时粗糙呈鳞片状。花单生，先于叶开放；花瓣长圆状椭圆形至宽倒卵形，粉红色，罕为白色；果实形状和大小均有变异，卵形、宽椭圆形或扁圆形，色泽变化由淡绿白色至橙黄色。

用途：食用，观赏。

391　蟠桃　*Amygdalus persica* var. *compressa* (Loud.) Yu et Lu

习性：乔木，果实扁平，核小。叶为窄椭圆形至披针形，叶基具有蜜腺，树皮暗灰色。花单生，从淡至深粉红或红色，近球形核果，表面有毛茸，肉质可食，为橙黄色泛红色。

用途：食用，观赏。

杏属 *Armeniaca*

392 杏 *Armeniaca vulgaris* Lam.

习性:乔木,树冠圆形、扁圆形或长圆形;树皮灰褐色,纵裂;叶片宽卵形或圆卵形;花单生,直径 2~3 cm,先于叶开放;花梗短;花瓣圆形至倒卵形,白色或带红色;果实球形,稀倒卵形,白色、黄色至黄红色。花期 3~4 月,果期 6~7 月。

用途:药用,食用,观赏,木材。

393 野杏 *Armeniaca vulgaris* var. *ansu* (Maxim.) Yü et Lu

习性:落叶乔木,叶片基部楔形或宽楔形;花常 2 朵,淡红色;果实近球形,红色;核卵球形,离肉,表面粗糙而有网纹,腹棱常锐利。花期 3~4 月,果期 6~7 月。

用途:食用。

394 山杏 *Armeniaca sibirica* (L.) Lam. var. *sibirica*

习性:灌木或小乔木,树皮暗灰色;小枝无毛,叶片卵形或近圆形,花单生;花瓣近圆形或倒卵形,白色或粉红色;果实扁球形,黄色或橘红色。花期 3~4 月,果期 6~7 月。

用途:药用,食用。

395 梅 *Armeniaca mume* Sieb. var. *mume*

习性:小乔木,稀灌木,树皮浅灰色或带绿色,平滑;小枝绿色,光滑无毛。叶片卵形或椭圆形。花单生;花瓣倒卵形,白色至粉红色;雄蕊短或稍长于花瓣;果实近球形,黄色或绿白色。花期冬春季,果期 5~6 月(在华北果期延至 7~8 月)。

用途:观赏,药用,食用。

李属 *Prunus*

396 杏李 *Prunus simonii* Carr.

习性:乔木,树冠金字塔形,直立分枝;老枝紫红色;小枝浅红色;花 2~3 朵,簇生;花瓣白色,长圆形;雄蕊多数,花丝长短不等;雌蕊 1,心皮无毛,柱头盘状,花柱比长雄蕊稍短或近等长。核果顶端扁球形,红色,果肉淡黄色。花期 5 月,果期 6~7 月。

用途:食用。

397　紫叶李　*Prunus cerasifera* f. atropurpurea (Jacq.) Rehd.(*)

习性:灌木或小乔木,高可达 8 m;多分枝,小枝暗红色。叶片椭圆形、卵形或倒卵形,先端急尖,叶紫红色。花 1 朵,稀 2 朵;花瓣白色,核果近球形或椭圆形,红色,微被蜡粉。花期 4 月,果期 8 月。

用途:观赏。

398　李　*Prunus salicina* L.

习性:落叶乔木,树冠广圆形,树皮灰褐色,起伏不平;老枝紫褐色或红褐色;小枝黄红色;叶片长圆倒卵形、长椭圆形,稀长圆卵形。花通常 3 朵并生;花瓣白色,长圆倒卵形;核果球形、卵球形或近圆锥形。花期 4 月,果期 7~8 月。

用途:食用,药用。

399　紫叶稠李　*Prunus virginiana* L.

习性:落叶乔木,高可达 15 m,叶片初生为绿色、有光泽,秋后变为红色,整个生长季节,叶片变色期较长。花白色。果球形,较大,成熟时为紫黑色。花期 4~5 月,果期 7~8 月。

用途:观赏。

樱属　*Cerasus*

400　微毛樱桃　*Cerasus clarofolia* (Schneid.) Yu et Li

习性:灌木或小乔木,高 2.5~20 m;叶片卵形,卵状椭圆形,或倒卵状椭圆形;花序伞形或近伞形,有花 2~4 朵;核果熟时红色,长椭圆形,长 7~8 mm;核微具棱纹。花期 4~6 月,果期 6~7 月。

用途:绿化。

401　多毛樱桃　*Cerasus polytricha* (Koehne) Yü et Li

习性:乔木或灌木;叶倒卵形或倒卵状长圆形;花序伞形或近伞形,有 2~4 花;核果熟时红色,卵圆形,长约 8 mm;核有棱纹。花期 4~5 月,果期 6~7 月。

用途:食用。

402　尾叶樱桃　*Cerasus dielsiana* (Schneid.) Yu et Li

习性:乔木或灌木;叶长椭圆形或倒卵状长椭圆形,长 6~14 cm;花序伞形或近伞形,有 3~6 花;核果红色,近球形,径 8~9 mm;核卵圆形,较光滑。花期 3~4 月。

用途:绿化。

403　樱桃　*Cerasus pseudocerasus*（Lindl.）G. Don

习性:乔木。叶卵形或长圆状倒卵形,长 5~12 cm;花序伞房状或近伞形,有 3~6 花,先叶开花;核果近球形,熟时红色,径 0.9~1.3 cm。花期 4~5 月,果期 6~7 月。

用途:食用。

404　东京樱花　*Cerasus* × *yedoensis*（Mats.）Yü et Li(*)

习性:乔木,高 4~16 m;叶片椭圆卵形或倒卵形;花序伞形总状,总梗极短,有花 3~4 朵;核果近球形,直径 0.7~1 cm,黑色,核表面略具棱纹。花期 4 月,果期 5 月。

用途:观赏。

405　山樱花　*Cerasus serrulata*（Lindl.）G. Don ex London

习性:乔木,高达 3 m;叶卵状椭圆形或倒卵状椭圆形;花序伞房总状或近伞形,有 2~3 花;核果球形或卵圆形,熟后紫黑色,径 0.8~1 cm。花期 4~5 月,果期 6~7 月。

用途:观赏。

406　日本晚樱　*Cerasus serrulata* var. *lannesiana*（Carri.）Makino(*)

习性:乔木,叶边有渐尖重锯齿,齿端有长芒,花常有香气。花期 3~5 月。

用途:观赏。

407　毛叶山樱花　*Cerasus serrulata* var. *pubescens*（Makino）Yü et Li

习性:乔木,叶柄、叶片下面及花梗均被短柔毛。花期 4~5 月,果期 ~7 月。

用途:观赏。

408　华中樱桃　*Cerasus conradinae*（Koehne）Yü et Li

习性:乔木,高达 10 m;叶倒卵形、长椭圆形或倒卵状长椭圆形;伞形花序;有 3~5 花;核果卵圆形,熟时红色,长 0.8~1.1 cm;核棱纹不显著。花期 3 月,果期 4~5 月。

用途:食用。

409　毛樱桃　*Cerasus tomentosa*（Thunb.）Wall.

习性:灌木,稀小乔木状;叶卵状椭圆形或倒卵状椭圆形;花单生或2朵簇生;核果近球形,熟时红色,径0.5~1.2 cm;核棱脊两侧有纵沟。花期4~5月,果期6~9月。

用途:食用,药用。

410　郁李　*Cerasus japonica*（Thunb.）Lois.

习性:灌木,高达1.5 m;叶卵形或卵状披针形;花1~3朵,蔟生;核果近球形,熟时深红色,径约1 cm;核光滑。花期5月,果期7~8月。

用途:药用。

411　毛叶欧李　*Cerasus dictyoneura*（Diels）Yü

习性:灌木;叶倒卵状椭圆形;花单生或2~3朵簇生;核果球形,熟时红色,径1~1.5 cm;核除棱背两侧外,无棱纹。花期4~5月,果期7~9月。

用途:药用。

412　麦李　*Cerasus glandulosa*（Thunb.）Lois.

习性:灌木,高达1.5~2 m;叶长圆状倒卵形或椭圆状披针形;花单生或2朵簇生;核果熟时红色或紫红色,近球形,径1~1.3 cm。花期3~4月,果期5~8月。

用途:观赏。

413　粉花重瓣麦李　*Cerasus glandulosa* f. *sinensis*（Pers.）S. Ya. Sokolov(*)

习性:落叶灌木,花期3~4月,果期5~8月。

用途:观赏。

414　欧李　*Cerasus humilis*（Bge.）Sok.

习性:灌木,高达1.5 m;叶倒卵状长圆形或倒卵状披针形;核果近球形,熟时红色或紫红色,径1.5~1.8 cm;核除背部两侧外无棱纹。花期4~5月,果期6~10月。

用途:药用,食用。

稠李属 *Padus*

415　橉木　*Padus buergeriana*（Miq.）Yü et Ku

习性：落叶乔木，高 6~12 m，稀达 25 m；叶片椭圆形或长圆椭圆形，稀倒卵椭圆形；花 20~30 朵，成总状花序；核果近球形或卵球形，黑褐色，无毛。花期 4~5 月，果期 5~10 月。

用途：尚未引种。

416　星毛稠李　*Padus stellipila*（Koehne）Yü et Ku

习性：落叶乔木，小枝密被茸毛；叶椭圆形、窄长圆形、稀倒卵状长圆形；总状花序长 5~8 cm，基部无叶；核果近球形，顶端有尖头，径 5~6 mm，熟时黑色；果柄长 2.5~4.5 cm，无毛；萼片宿存。花期 4~5 月，果期 5~10 月。

用途：无。

417　稠李　*Padus avium* Miller

习性：落叶乔木，高达 15 m；叶椭圆形、长圆形或长圆状倒卵形；总状花序长 7~10 cm，基部有 2~3 叶；核果卵圆形，径 0.8~1 cm；果柄无毛；萼片脱落。花期 4~5 月，果期 5~10 月。

用途：观赏。

418　毛叶稠李　*Padus avium* var. *pubescens*

习性：小枝、叶片下面、叶柄和花序基部均密被棕褐色长柔毛，叶片边缘为开展或贴生重锯齿，或为不规则近重锯齿，齿披针形相区别；花期 4~6 月，果期 6~10 月。

用途：工业，药用，食用。

419　细齿稠李　*Padus obtusata*（Koehne）Yü et Ku

习性：落叶乔木，高 6~20 m；叶片窄长圆形、椭圆形或倒卵形；总状花序具多花，长 10~15 cm，基部有 2~4 叶片；核果卵球形。花期 4~5 月，果期 6~10 月。

用途：无。

豆科(Leguminosae)

合欢属　*Albizia*

420　山槐　*Albizia kalkora* (Roxb.) Prain

习性:落叶小乔木或灌木,枝条暗褐色,有显著皮孔,二回羽状复叶,长圆形或长圆状卵形,头状花序 2~7 枚生于叶腋,或于枝顶排成圆锥花序;花初白色,后变黄,荚果带状,深棕色,嫩荚密被短柔毛,老时无毛;种子 4~12 颗,倒卵形。花期 5~6 月,果期 8~10 月。

用途:观赏。

421　合欢　*Albizia julibrissin* Durazz.

习性:落叶乔木,托叶线状披针形,早落,二回羽状复叶,头状花序于枝顶排成圆锥花序,花粉红色,荚果带状。花期 6~7 月,果期 8~10 月。

用途:观赏,木材。

肥皂荚属　*Gymnocladus*

422　肥皂荚　*Gymnocladus chinensis* Baill.

习性:落叶乔木,树皮灰褐色,具明显的白色皮孔,二回偶数羽状复叶,总状花序顶生,被短柔毛;花杂性,白色或带紫色,荚果长圆形,扁平或膨胀,无毛,有种子 2~4 颗;种子近球形而稍扁,黑色,平滑无毛。8 月间结果。

用途:药用,工业。

皂荚属　*Gleditsia*

423　皂荚　*Gleditsia sinensis* Lam.

习性:落叶乔木或小乔木,木枝灰色至深褐色,叶为一回羽状复叶,小叶(2)3~9 对,纸质,卵状披针形至长圆形,花杂性,黄白色,组成总状花序;花序腋生或顶生,荚果带状,劲直或扭曲,果肉稍厚,两面臌起,或有的荚果短小,果瓣革质,褐棕色或红褐色,常被白色粉霜;种子多颗,长圆形或椭圆形,棕色,光亮。花期 3~5 月,果期 5~12 月。

用途:木材,药用。

424　野皂荚　*Gleditsia microphylla* Gordon ex Y. T. Lee

习性:灌木或小乔木,枝灰白色至浅棕色;幼枝被短柔毛,老时脱落,叶为一回或二回羽状复叶(具羽片 2~4 对),小叶 5~12 对,薄革质,斜卵形至长椭圆形,花杂性,绿白色,近无梗,簇生,组成穗状花序或顶生的圆锥花序,两性花,荚果扁薄,斜椭圆形或斜长圆形,种子 1~3 颗,扁卵形或长圆形,褐棕色,光滑。花期 6~7 月,果期 7~10 月。

用途:工业。

425　山皂荚　*Gleditsia japonica* Miq.

习性:落叶乔木或小乔木,小枝紫褐色或脱皮后呈灰绿色,微有棱,具分散的白色皮孔,叶为一回或二回羽状复叶,花黄绿色,组成穗状花序;花序腋生或顶生,被短柔毛,荚果带形,扁平,果瓣革质,棕色或棕黑色,常具泡状隆起,种子多数,椭圆形,深棕色,光滑。花期 4~6 月,果期 6~11 月。

用途:工业,木材。

426　美国皂荚　*Gleditsia triacanthos* Linn. *

习性:落叶乔木或小乔木,树皮灰黑色,叶为一回或二回羽状复叶(具羽片 4~14 对),雄花单生或数朵簇生组成总状花序,雌花组成较纤细的总状花序,花较少,花序常单生,与雄花序近等长,荚果带形,扁平,镰刀状弯曲或不规则旋扭,果瓣薄而粗糙,暗褐色,种子多数,扁,卵形或椭圆形。花期 4~6 月,果期 10~12 月。

用途:观赏,木材。

云实属　*Caesalpinia*

427　云实　*Caesalpinia decapetala* (Roth) Alston *

习性:藤本,树皮暗红色,枝、叶轴和花序均被柔毛和钩刺,二回羽状复叶,总状花序顶生,花瓣黄色,荚果长圆状舌形,种子 6~9 颗,椭圆状,种皮棕色。花果期 4~10 月。

用途:药用,工业。

紫荆属　*Cercis*

428　湖北紫荆　*Cercis glabra* Pampan.

习性:乔木,树皮和小枝灰黑色,叶较大,厚纸质或近革质,心脏形或三角状圆形,幼叶常呈紫红色,成长后绿色,总状花序短,花淡紫红色或粉红色,荚果狭长圆形,紫红色,种子 1~8 颗,近圆形,扁。花期 3~4 月,果期 9~11 月。

用途:观赏。

429 紫荆 *Cercis chinensis* Bunge

习性:丛生或单生灌木,树皮和小枝灰白色,叶纸质,近圆形或三角状圆形,花紫红色或粉红色,2~10余朵成束,簇生于老枝和主干上,尤以主干上花束较多,龙骨瓣基部具深紫色斑纹,荚果扁狭长形,绿色,种子2~6颗,阔长圆形,黑褐色,光亮。花期3~4月,果期8~10月。

用途:观赏,药用。

430 短毛紫荆 *Cercis chinensis* Bunge f. *pubescens* Wei

习性:灌木。本变型幼枝、叶柄及叶背面沿脉均被短柔毛。

用途:观赏。

431 白花紫荆 *Cercis chinensis* f. *alba* Hsu *

习性:灌木,本变型花为纯白色,花期3~4月,果期8~10月。

用途:观赏。

432 加拿大紫荆 *Cercis canadensis* L. *

习性:落叶大灌木或小乔木,原产北美洲。高达7~15 m,树冠开张。先叶后花,花玫瑰粉色、淡红紫色,也有白花。花期4~5月,果7~8月成熟。

用途:观赏。

红豆树属 *Ormosia*

433 红豆树 *Ormosia hosiei* Hemsl. et Wils. (*)

习性:常绿或落叶乔木,高达20~30 m,胸径可达1 m;树皮灰绿色,平滑。小枝绿色,幼时有黄褐色细毛,后变光滑;冬芽有褐黄色细毛。奇数羽状复叶,小叶1~4对,薄革质;圆锥花序顶生或腋生,花冠白色或淡紫色;荚果近圆形,扁平。花期4~5月,果期10~11月。

用途:木材。

香槐属 *Cladrastis*

434 翅荚香槐 *Cladrastis platycarpa* (Maxim.) Makino

习性:大乔木,奇数羽状复叶,小叶互生或近对生,长椭圆形或卵状长圆形,小叶3~4对,互生或近对生,长椭圆形或卵状长圆形,荚果扁平,长椭圆形或长圆形,两侧具翅,不开裂,有种子1~2粒,稀4粒;种子长圆形,压扁,种皮深褐色或黑色。花期4~6月,果期7~10月。

用途:木材。

435 香槐 *Cladrastis wilsonii* Takeda

习性:乔木。花期5~7月,果期8~9月。

用途:药用。

436 小花香槐 *Cladrastis sinensis* Hemsl.

习性:乔木,奇数羽状复叶,小叶互生或近对生,卵状披针形或长圆状披针形,圆锥花序顶生,荚果扁平,椭圆形或长椭圆形,有种子1~3(5)粒;种子卵形,压扁,褐色。花期6~8月,果期8~10月。

用途:观赏。

马鞍树属 *Maackia*

437 马鞍树 *Maackia hupehensis* Takeda

习性:乔木,树皮绿灰色或灰黑褐色,平滑,羽状复叶,卵形、卵状椭圆形或椭圆形,总状花序,荚果阔椭圆形或长椭圆形,扁平,褐色,种子椭圆状微肾形,黄褐色有光泽。花期6~7月,果期8~9月。

用途:木材,观赏,药用。

438 华山马鞍树 *Maackia hwashanensis* W. T. Wang

习性:小乔木,小枝灰褐色,幼时有淡黄灰色柔毛,后脱落,变为紫褐色,小枝灰褐色,幼时有淡黄灰色柔毛,后脱落,变为紫褐色,总状花序单生或2个集生枝顶,荚果扁平,不规则长椭圆形或卵状椭圆形,种子肾形,微扁,黄褐色。花期7~8月,果期8~9月。

用途:观赏。

439　朝鲜槐　*Maackia amurensis* Rupr. et Maxim.

习性:乔木,树皮淡绿褐色,羽状复叶,卵形、倒卵状椭圆形或长卵形,总状花序,荚果扁平,无果颈,种子褐黄色,长椭圆形,花期6~7月,果期9~10月。

用途:木材,药用,食用。

槐属　*Styphnolobium*

440　白刺花　*Sophora davidii* (Franch.) Skeels

习性:灌木或小乔木,羽状复叶;托叶钻状,小叶5~9对,形态多变,一般为椭圆状卵形或倒卵状长圆形,总状花序着生于小枝顶端有种子3~5粒;种子卵球形,深褐色。花期3~8月,果期6~10月。

用途:观赏。

441　槐　*Sophora japonica* L.

习性:乔木,树皮灰褐色,小叶对生或近互生,纸质,卵状披针形或卵状长圆形,圆锥花序顶生,常呈金字塔形,荚果串珠状,具种子1~6粒;种子卵球形,淡黄绿色,干后黑褐色。花期7~8月,果期8~10月。

用途:蜜源,药用,木材。

442　龙爪槐　*Sophora japonica* Linn. var. *japonica f. pendula* Hort.

习性:乔木,本变型枝和小枝均下垂,并向不同方向弯曲盘悬,形似龙爪,易与其他类型相区别。花期7~8月,果期8~10月。

用途:观赏,蜜源,药用。

黄檀属　*Dalbergia*

443　黄檀　*Dalbergia hupeana* Hance

习性:乔木,羽状复叶,小叶近革质,椭圆形至长圆状椭圆形,圆锥花序顶生或生于最上部的叶腋间,荚果长圆形或阔舌状,种子肾形。花期5~7月。

用途:木材,药用。

紫藤属 *Wisteria*

444 紫藤 *Wisteria sinensis* (Sims) Sweet

习性:落叶藤本,茎左旋,枝较粗壮,嫩枝被白色柔毛,后秃净;冬芽卵形。奇数羽状复叶;总状花序花冠紫色,荚果倒披针形,种子褐色,具光泽,圆形。花期4月中旬至5月上旬,果期5~8月。

用途:观赏。

445 多花紫藤 *Wisteria floribunda* (Willd.) DC.(*)

习性:落叶藤本,茎右旋,羽状复叶,总状花序,花冠紫色至蓝紫色,荚果倒披针形,种子紫褐色,具光泽,圆形,荚果宿存枝端。花期4月下旬至5月中旬,果期5~7月。

用途:观赏。

446 藤罗 *Wisteria villosa* Rehd.

习性:落叶藤本,当年生枝粗壮,密被灰色柔毛,次年秃净;冬芽灰黄色,卵形,长约1 cm,密被灰色柔毛。羽状复叶,总状花序;花冠堇青色,种子褐色,圆形。花期5月上旬,果期6~7月。

用途:观赏。

木蓝属 *Indigofera*

447 花木蓝 *Indigofera kirilowii* Maxim. ex Palibin

习性:小灌木,羽状复叶,小叶对生,阔卵形、卵状菱形或椭圆形,总状花序,荚果棕褐色,圆柱形,内果皮有紫色斑点,有种子10余粒;果梗平展,种子赤褐色,长圆形。花期5~7月,果期8月。

用途:木材,食用。

448 多花木蓝 *Indigofera amblyantha* Craib

习性:直立灌木,羽状复叶,小叶对生,稀互生,形状、大小变异较大,通常为卵状长圆形、长圆状椭圆形、椭圆形或近圆形,总状花序腋生,荚棕褐色,线状圆柱形,种子褐色,长圆形。花期5~7月,果期9~11月。

用途:药用。

449 木蓝 *Indigofera tinctoria* Linn.

习性:直立亚灌木,羽状复叶,小叶对生,倒卵状长圆形或倒卵形,总状花序,荚果线形,种子间有缢缩,外形似串珠状,有种子 5~10 粒,内果皮具紫色斑点,种子近方形。花期几乎全年,果期 10 月。

用途:药用。

450 华东木蓝 *Indigofera fortunei* Craib.

习性:灌木,羽状复叶,小叶对生,间有互生,卵形、阔卵形、卵状椭圆形或卵状披针形,总状花序,荚果褐色,线状圆柱形。花期 4~5 月,果期 5~9 月。

用途:药用。

刺槐属 *Robinia*

451 刺槐 *Robinia pseudoacacia* L.

习性:落叶乔木,树皮灰褐色至黑褐色,浅裂至深纵裂,稀光滑。羽状复叶,常对生,总状花序腋生,雄蕊二体,荚果褐色,或具红褐色斑纹,线状长圆形。花期 4~6 月,果期 8~9 月。

用途:木材,蜜源,绿化。

452 毛洋槐 *Robinia hispida* L.

习性:落叶灌木,幼枝绿色,密被紫红色硬腺毛及白色曲柔毛,羽状复叶;花萼紫红色,斜钟形;花冠红色至玫瑰红色,花瓣具柄,旗瓣近肾形,胚珠多数,荚果线形。花期 5~6 月,果期 7~10 月。

用途:观赏。

453 红花刺槐 *Robinia pseudoacacia* f. *decaisneana*（Carr.）Voss

习性: 落叶乔木,高可达 15 m。幼枝绿色,密被紫红色硬腺毛及白色曲柔毛,羽状复叶;花萼紫红色,斜钟形;花冠红色至玫瑰红色,花瓣具柄,旗瓣近肾形,胚珠多数,荚果线形。

用途:绿化。

山蚂蝗属 *Desmodium*

454 小槐花 *Desmodium caudata* (Thunberg) H. Ohashi

习性:直立灌木或亚灌木,树皮灰褐色,分枝多,上部分枝略被柔毛。叶为羽状三出复叶,小叶3;总状花序顶生或腋生,花序轴密被柔毛并混生小钩状毛,花冠绿白或黄白色,荚果线形,扁平。花期7~9月,果期9~11月。

用途:药用,食用。

子梢属 *Campylotropis*

455 子梢 *Campylotropis macrocarpa* (Bge.) Rehd.

习性:灌木,高1~2 m,羽状复叶,托叶狭三角形、披针形或披针状钻形,小叶椭圆形或宽椭圆形,总状花序单一(稀二)腋生并顶生,荚果长圆形、近长圆形或椭圆形。

用途:木材,食用,蜜源,药用。

胡枝子属 *Lespedeza*

456 胡枝子 *Lespedeza bicolor* Turcz.

习性:直立灌木,羽状复叶具叶,总状花序腋生,比叶长,常构成大型、较疏松的圆锥花序,荚果斜倒卵形,稍扁。花期7~9月,果期9~10月。

用途:食用,木材,绿化。

457 美丽胡枝子 *LespedezaL. formosa* (Vog.) Koehne

习性:直立灌木,小叶长圆形或椭圆状长圆形,总状花序腋生,荚果宽卵圆形。花期7~9月,果期9~10月。

用途:药用。

458 短梗胡枝子 *Lespedeza cyrtobotrya* Miq.

习性:直立灌木,羽状复叶,小叶宽卵形,卵状椭圆形或倒卵形,总状花序腋生,荚果斜卵形,稍扁。花期7~8月,果期9月。

用途:木材,食用。

459 绿叶胡枝子 *Lespedeza buergeri* Miq.

习性:直立灌木,小叶卵状椭圆形,总状花序腋生,在枝上部者构成圆锥花序,荚果长圆状卵形。花期6~7月,果期8~9月。

用途:药用。

460 细梗胡枝子 *Lespedeza virgata* (Thunb.) DC.

习性:小灌木,羽状复叶,总状花序腋生,荚果近圆形,通常不超出萼。花期7~9月,果期9~10月。

用途:药用。

461 兴安胡枝子 *Lespedeza davurica* (Laxm.) Schindl.

习性:小灌木,老枝黄褐色或赤褐色,羽状复叶,总状花序腋生,荚果小,倒卵形或长倒卵形。花期7~9月,果期9~10月。

用途:食用。

462 茸毛胡枝子 *Lespedeza tomentosa* (Thunb.) Sieb. ex Maxim.

习性:灌木,高达1 m。全株密被黄褐色茸毛,羽状复叶具3小叶,小叶质厚,椭圆形或卵状长圆形,总状花序顶生或于茎上部腋生,荚果倒卵形。

用途:食用,药用,绿化。

463 多花胡枝子 *Lespedeza floribunda* Bunge

习性:小灌木,羽状复叶具3小叶,小叶具柄,倒卵形,宽倒卵形或长圆形,总状花序腋生,荚果宽卵形。花期6~9月,果期9~10月。

用途:药用。

464 截叶铁扫帚 *Lespedeza cuneata* (Dum. -Cours.) G. Don

习性:小灌木,茎直立或斜升,被毛,叶密集,柄短;小叶楔形或线状楔形,总状花序腋生,具2~4朵花;花冠淡黄色或白色,荚果宽卵形或近球形。花期7~8月,果期9~10月。

用途:药用。

465 阴山胡枝子 *Lespedeza inschanica* (Maxim.) Schindl.

习性:灌木,高达 80 cm。茎直立或斜升,下部近无毛,羽状复叶具 3 小叶;总状花序腋生,与叶近等长,具 2~6 朵花;花冠白色,旗瓣近圆形,先端微凹,基部带大紫斑,花期反卷,翼瓣长圆形,通常先端带紫色。荚果倒卵形。

用途:药用。

466 铁马鞭 *Lespedeza pilosa* (Thunb.) Sieb. et Zucc.

习性:多年生草本,全株密被长柔毛,茎平卧,细长,总状花序腋生,比叶短;花冠黄白色或白色,旗瓣椭圆形。荚果广卵形,长 3~4 mm,凸镜状,两面密被长毛,先端具尖喙。花期 7~9 月,果期 9~10 月。

用途:药用。

467 中华胡枝子 *Lespedeza chinensis* G. Don

习性:小灌木,全株被白色伏毛,羽状复叶具 3 小叶。总状花序腋生,不超出叶,少花;花冠白色或黄色,旗瓣椭圆形,荚果卵圆形。花期 8~9 月,果期 10~11 月。

用途:药用。

468 牛枝子 *Lespedeza potaninii* Vass.

习性:半灌木,茎斜升或平卧,基部多分枝,羽状复叶具 3 小叶,小叶狭长圆形。总状花序腋生;总花梗长,明显超出叶;花冠黄白色,荚果倒卵形。花期 7~9 月,果期 9~10 月。

用途:食用,绿化。

紫穗槐属 *Amorpha*

469 紫穗槐 *Amorpha fruticosa* L.

习性:落叶灌木,叶互生,奇数羽状复叶,穗状花序常 1 至数个顶生和枝端腋生,荚果下垂。花、果期 5~10 月。

用途:食用,木材,蜜源。

葛属 *Pueraria*

470 葛 *Pueraria Lobata* (Willd.) Ohwi

习性:粗壮藤本,全体被黄色长硬毛,茎基部木质,有粗厚的块状根。羽状复叶具3小叶;总状花序长15~30 cm,花冠紫色,旗瓣倒卵形,荚果长椭圆。花期9~10月,果期11~12月。

用途:药用。

鱼鳔槐属 *Colutea*

471 膀胱豆 *Colutea delavayi* Franch.

习性:落叶灌木,树皮灰绿色,多纤维,全体被密至疏灰白色及褐色丁字毛。羽状复叶;花冠淡黄色;荚果卵状纺锤形,先端锐尖,基部渐狭;种子褐色,无光泽。花期8~10月,果期10~12月。

用途:绿化。

苦马豆属 *Sphaerophysa*

472 苦马豆 *Sphaerophysa salsula* (Pall.) DC.

习性:半灌木或多年生草本,茎直立或下部匍匐,总状花序常较叶长,花萼钟状,萼齿三角形;花冠初呈鲜红色,后变紫红色;荚果椭圆形至卵圆形,膨胀;种子肾形至近半圆形。花期5~8月,果期6~9月。

用途:食用,药用。

锦鸡儿属 *Caragana*

473 毛掌叶锦鸡儿 *Caragana leveillei* Kom.

习性:灌木,多分枝。树皮深褐色;花冠黄色或浅红色,旗瓣倒卵状楔形,荚果圆筒状,密被长柔毛。花期4~5月,果期6月。

用途:观赏。

474　红花锦鸡儿　*Caragana rosea* Turcz.　ex Maxim.

习性：灌木，高达 1 m。树皮绿褐色或灰褐色；花冠黄色，常紫红色或全部淡红色，凋时变为红色。荚果圆筒形，具渐尖头。花期 4~6 月，果期 6~7 月。

用途：药用。

475　锦鸡儿　*Caragana sinica*（Buc′hoz）Rehd.

习性：灌木，树皮深褐色；小叶 2 对，羽状。花单生；花萼钟状，基部偏斜；花冠黄色，常带红色，子房无毛。荚果圆筒状。花期 4~5 月，果期 7 月。

用途：观赏，药用。

476　柄荚锦鸡儿　*Caragana stipitata* Kom

习性：灌木，老枝深灰褐色或淡褐色，有光泽，幼枝被短柔毛。羽状复叶有 4~6 对小叶；花冠黄色，荚果披针形。花期 4~5 月，果期 6~7 月。

用途：观赏。

477　树锦鸡儿　*Caragana arborescens* lam.

习性：小乔木或大灌木，老枝深灰色，平滑，稍有光泽，小枝有棱，幼时被柔毛，绿色或黄褐色。羽状复叶有 4~8 对小叶；托叶针刺状；花冠黄色；子房无毛或被短柔毛。荚果圆筒形。花期 5~6 月，果期 8~9 月。

用途：观赏，工业。

478　小叶锦鸡儿　*Caragana microphylla* Lam.

习性：灌木，老枝深灰色或黑绿色，嫩枝被毛，直立或弯曲。羽状复叶；花冠黄色；子房无毛。荚果圆筒形，稍扁。花期 5~6 月，果期 7~8 月。

用途：药用。

鹰爪豆属　*Spartium*

479　鹰爪豆　*Spartium junceum* Linn.

习性：常绿灌木，花单生叶腋，在茎上部排成疏松的总状花序，荚果线形，种子长圆形，红棕色，具光泽。花期 4~7 月。

用途：观赏。

芸香科(Rutaceae)

花椒属 *Zanthoxylum*

480 异叶花椒 *Zanthoxylum ovalifolium* Wight

习性:落叶乔木;枝灰黑色,嫩枝及芽常有红锈色短柔毛,枝很少有刺。小叶卵形、椭圆形,分果瓣紫红色,幼嫩时常被疏短毛;基部有甚短的狭柄,油点稀少,顶侧有短芒尖。花期4~6月,果期9~11月。

用途:药用。

481 刺异叶花椒 *Zanthoxylum dimorphophyllum* var. *spinifolium* Rehder et E. H. Wilson

习性:灌木或小乔木。枝灰黑色,嫩枝及芽常有红锈色短柔毛,枝很少有刺。单小叶;小叶卵形、椭圆形,有时倒卵形,顶部钝。分果瓣紫红色,幼嫩时常被疏短毛,基部有甚短的狭柄,油点稀少,顶侧有短芒尖。

用途:观赏。

482 竹叶花椒 *Zanthoxylum armatum* DC.

习性:落叶小乔木;茎枝多锐刺,刺基部宽而扁,红褐色,小枝上的刺劲直,水平抽出。叶缘有甚小且疏离的裂齿,或近于全缘,仅在齿缝处或沿小叶边缘有油点;小叶柄甚短或无柄。花期4~5月,果期8~10月。

用途:药用。

483 川陕花椒 *Zanthoxylum piasezkii* Maxim.

习性:灌木或小乔木,叶有小叶稀较少;小叶无柄,圆形,宽椭圆形,倒卵状菱形,叶缘近顶部有疏少细圆裂齿,齿缝有明显的一油点。花期5月,果期6~7月。

用途:蜜源。

484 野花椒 *Zanthoxylum simulans* Hance

习性:灌木或小乔木,小叶对生,花序顶生;狭披针形、宽卵形或近于三角形。果红褐色,分果瓣基部变狭窄且略延长1~2 mm,呈柄状,油点多,微凸起。花期3~5月,果期7~9月。

用途:药用。

485 花椒 *Zanthoxylum bungeanum* Maxim.

习性:落叶小乔木;小叶对生,无柄,卵形,椭圆形。雄花的雄蕊 5 枚或多至 8 枚;退化雌蕊顶端叉状浅裂;果紫红,散生微凸起的油点,顶端有甚短的芒尖或无。花期 4~5 月,果期 8~9 月或 10 月。

用途:食用,木材,工业。

486 毛叶花椒 *Zanthoxylum bungeanum* var. *pubescens* Huang

习性:茎干上的刺常早落,枝有短刺,叶背干后常有红褐色斑纹。花序顶生或生于侧枝之顶,花序轴及花梗密被短柔毛或无毛;花被片黄绿色,形状及大小大致相同;果紫红色,散生微凸起的油点。花期 5~6 月,果期 10~11 月。

用途:药用。

487 浪叶花椒 *Zanthoxylum undulatifolium* Hemsl.

习性:小乔木,本种与花椒的区别:小枝被锈色微柔毛:小叶 3~5(7),叶缘波状,上面被微柔毛;果红褐色。花期 4~5 月,果期 8~10 月。

用途:绿化。

488 小花花椒 *Zanthoxylum micranthum* Hemsl.

习性:落叶乔木,茎枝有稀疏短锐刺,花序轴及上部小枝均无刺或少刺。小叶对生,萼片宽卵形;花瓣淡黄白色;退化雌蕊极短,浅裂或不裂。分果瓣淡紫红色,干后淡灰黄或灰褐色。花期 7~8 月,果期 10~11 月。

用途:药用。

489 青花椒 *Zanthoxylum schinifolium* Sieb. et Zucc.

习性:灌木,茎枝有短刺,刺基部两侧压扁状,嫩枝暗紫红色。小叶纸质,对生。叶缘有细裂齿或近于全缘,中脉至少中段以下凹陷。花瓣淡黄白色;雄花的退化雌蕊甚短。分果瓣红褐色。花期 7~9 月,果期 9~12 月。

用途:药用,食用。

490 狭叶花椒 *Zanthoxylum stenophyllum* Hemsl.

习性:小乔木或灌木;茎枝灰白色,当年生枝淡紫红色,小枝纤细,多刺。叶稀较少;小叶互生,披针形,或狭长披针形或卵形。伞房状聚伞花序顶生;果梗较短的较粗壮,长的则纤细,紫红色。花期 5~6 月,果期 8~9 月。

用途:药用。

臭常山属 *Orixa*

491 臭常山 *Orixa japonica* Thunb.

习性:灌木或小乔木;单叶,互生,薄纸质,具油腺点,叶倒卵形或椭圆形,花单性,雌雄异株;雄花序总状下垂,具膜质苞片;花小,淡黄绿色;聚合蓇葖果裂为 4 个果瓣,果皮软骨质,蜡黄色,光滑。花期 4~5 月,果期 9~11 月。

用途:药用。

吴茱萸属 *Evodia*

492 楝叶吴萸 *Evodia glabrifolium*(Champ. Ex Benth)Huang

习性:花期7~9月,树皮灰白色,不开裂,密生圆或扁圆形、略凸起的皮孔。叶背灰绿色,干后略呈苍灰色,叶缘有细钝齿或全缘,无毛;花甚多花瓣白色。分果瓣淡紫红色,干后暗灰带紫色,油点疏少但较明显,外果皮的两侧面被短伏毛,内果皮肉质,白色,干后暗蜡黄色,壳质;褐黑色。果期10~12月。

用途:药用。

493 吴茱萸 *Evodia ruticarpum* (Juss.) Benth.

习性:小乔木或灌木,嫩枝暗紫红色,与嫩芽同被灰黄或红锈色茸毛,或疏短毛。果密集或疏离,暗紫红色,种子近圆球形,一端钝尖,腹面略平坦,褐黑色,有光泽。花期4~6月,果期8~11月。

用途:药用。

494 臭檀吴萸 *Evodia* daniellii (Benth.) Hemsl.

习性:落叶乔木。小叶纸质,有时颇薄,阔卵形,卵状椭圆形。伞房状聚伞花序,花序轴及分枝被灰白色或棕黄色柔毛。花期6~8月,果期9~11月。

用途:观赏,木材,食用。

黄檗属 *Phellodendron*

495 黄檗 *Phellodendron amurense* Rupr.

习性:树皮有厚木栓层,浅灰或灰褐色,小枝暗紫红色,无毛。秋季落叶前叶色由绿转黄而明亮,毛被大多脱落。花序顶生;萼片细小,阔卵形;花瓣紫绿色;雄花的雄蕊比花瓣长,退化雌蕊短小。果圆球形,蓝黑色,干后较明显。花期5~6月,果期9~10月。

用途:木材,药用,工业。

496 川黄檗 *Phellodendron chinense* Schneid.

习性:落叶乔木,树高达15 m。成年树有厚、纵裂的木栓层,内皮黄色,小枝粗壮,暗紫红色,无毛。叶轴及叶柄粗壮,通常密被褐锈色或棕色柔毛,有小叶7~15片,小叶纸质,被毛。花序顶生,花通常密集,花序轴粗壮,密被短柔毛。果多数密集成团,蓝黑色,有分核5~8(10)个;种子5~8,有细网纹。花期5~6月,果期9~11月。

用途:木材,药用,工业。

枳属　*Poncirus*

497　枳　*Poncirus trifoliate*（L.）Raf.

习性:小乔木,枝绿色,嫩枝扁,有纵棱,刺长达 4 cm,刺尖干枯状,红褐色,基部扁平。花单朵或成对腋生,先叶开放。花瓣白色,匙形,长 1.5~3 cm;雄蕊通常 20 枚,花丝不等长。种子阔卵形,乳白或乳黄色。花期 5~6 月,果期 10~11 月。

用途:药用。

柑橘属　*Citrus*

498　柑橘　*Citrus reticulata* Blanco

习性:小乔木,花单生或 2~3 朵簇生;花萼不规则 5~3 浅裂;花瓣通常长 1.5 cm 以内;雄蕊 20~25 枚,花柱细长,柱头头状。果皮甚薄而光滑,或厚而粗糙,淡黄色。花期 4~5 月,果期 10~12 月。

用途:食用,药用,观赏。

499　酸橙　*Citrus aurantium* L.

习性:小乔木,徒长枝刺长达 8 cm;叶卵状长圆形或椭圆形,长 5~10 cm,全缘或具浅齿;总状花序少花,有时兼有腋生单花;果球形或扁球形,果皮厚,难剥离,橙黄或朱红色,油胞大,凹凸不平,果肉味酸,有时带苦味。花期 4~5 月,果期 9~12 月。

用途:药用,工业,蜜源,食用。

苦木科(Simaroubaceae)

苦树属　*Picrasma*

500　苦木　*Picrasma quassioides*（D. Don）Benn.

习性:落叶乔木,树皮紫褐色,平滑;复叶长 15~30 cm,小叶 9~15,卵状披针形或宽卵形,具不整齐粗锯齿,先端渐尖,基部楔形,上面无毛,下面幼时沿中脉和侧脉有柔毛,后无毛;托叶披针形,早落;核果蓝绿色,长 6~8 mm,萼片宿存;花果期 4~9 月。

用途:木材,药用,观赏。

臭椿属　*Ailanthus*

501　刺臭椿　*Ailanthus vilmoriniana* Dode

习性:乔木,幼嫩枝条被软刺。叶为奇数羽状复叶,长 50~90 cm,有小叶 8~17 对。叶柄通常紫红色,有时有刺。圆锥花序长约 30 cm。翅果长约 5 cm。高 10 余米。

用途:药用,观赏。

502　毛臭椿　*Ailanthus giraldii* Dode

习性:落叶乔木,本种与臭椿及大果臭椿的区别:嫩枝密被灰白或灰褐色柔毛;小叶 9~16(20)对,有波状或浅波状锯齿。花期 4~5 月,果期 9~10 月。

用途:观赏,绿化。

503　大果臭椿　*Ailanthus altissima* var. *sutchuenensis* (Dpde) Rehd. et Wils

习性:落叶乔木,树皮平滑而有直纹;嫩枝有髓,幼时被黄色或黄褐色柔毛,后脱落。叶为奇数羽状复叶;小叶对生或近对生,纸质,卵状披针形。花淡绿色,覆瓦状排列。种子位于翅的中间,扁圆形。花期 4~5 月,果期 8~10 月。

用途:药用,绿化,木材,工业。

楝科(Meliaceae)

香椿属　*Toona*

504　香椿　*Toona sinensis* (A. Juss.) Roem.

习性:乔木;树皮粗糙,深褐色,片状脱落。叶具长柄,偶数羽状复叶,对生或互生,纸质,卵状披针形或卵状长椭圆形。圆锥花序与叶等长或更长,蒴果狭椭圆形,深褐色,有小而苍白色的皮孔。花期 6~8 月,果期 10~12 月。

用途:食用,木材,药用。

505　红椿　*Toona ciliata* Roem. *

习性:乔木,小枝初时被柔毛,渐变无毛,有稀疏的苍白色皮孔。叶为偶数或奇数羽状复叶;小叶对生或近对生,纸质,长圆状卵形或披针形,先端尾状渐尖。圆锥花序顶生,花瓣,白色,长圆形,先端钝或具短尖,无毛或被微柔毛,边缘具睫毛。花期 4~6 月,果期 10~12 月。

用途:木材,工业。

楝属　*Melia*

506　楝　*Melia azedarach* L.

习性:落叶乔木,树皮灰褐色,纵裂。小叶对生,卵形、椭圆形至披针形,顶生一片通常略大。花瓣淡紫色,倒卵状匙形,核果球形至椭圆形,内果皮木质;种子椭圆形。花期 4~5 月,果期 10~12 月。

用途:木材,药用,工业。

远志科(Polygalaceae)

远志属 *Polygala*

507 荷包山桂花 *Polygala arillata* Buch. -Ham. ex D. Don(*)

习性:灌木或小乔木,小枝密被短柔毛,具纵棱;芽密被黄褐色毡毛。单叶互生,叶片纸质,椭圆形、长圆状椭圆形至长圆状披针形,雄蕊8,蒴果阔肾形至略心形,浆果状,成熟时紫红色。种子球形,棕红色。花期5~10月,果期6~11月。

用途:药用,工业。

大戟科(Euphorbiaceae)

雀舌木属 *Leptopus*

508 雀儿舌头 *Leptopus chinensis* (Bunge) Pojark.

习性:直立灌木,花小,雌雄同株,单生或2~4朵簇生于叶腋;萼片、花瓣和雄蕊均为5;雄花:花梗丝状,长6~10 mm;雄蕊离生,花丝丝状,花药卵圆形;雌花:花梗长1.5~2.5 mm;花瓣倒卵形,长1.5 mm,宽0.7 mm;萼片与雄花的相同;蒴果圆球形或扁球形,直径6~8 mm,基部有宿存的萼片;花期2~8月,果期6~10月。

用途:观赏,药用。

白饭树属 *Flueggea*

509 一叶萩 *Flueggea suffruticosa* (Pall.) Baill.

习性:灌木,花小,雌雄异株,簇生于叶腋;雄花:3~18朵簇生;花梗长2.5~5.5 mm;蒴果三棱状扁球形,直径约5 mm,成熟时淡红褐色,有网纹,3爿裂;果梗长2~15 mm,基部常有宿存的萼片;种子卵形而侧扁压状,长约3 mm,褐色而有小疣状凸起。花期3~8月,果期6~11月。

用途:木材,药用,工业。

叶下珠属 *Phyllanthus*

510 青灰叶下珠 *Phyllanthus glaucus* Wall. ex Muell. Arg

习性:灌木,花直径约 3 mm,数朵簇生于叶腋;花梗丝状,顶端稍粗;雄花:花梗长约 8 mm;萼片 6,卵形;花盘腺体 6;雄蕊 5,花丝分离,药室纵裂;雌花:通常 1 朵与数朵雄花同生于叶腋;花梗长约 9 mm;萼片 6,卵形;花盘环状;蒴果浆果状,直径约 1 cm,紫黑色,基部有宿存的萼片;种子黄褐色。花期 4~7 月,果期 7~10 月。

用途:药用。

算盘子属 *Glochidion*

511 算盘子 *Glochidion puberum* (Linn.) Hutch.

习性:直立灌木,雌雄同株或异株,2~5 朵簇生于叶腋内,雄花束常着生于小枝下部,雌花束则在上部,或有时雌花和雄花同生于一叶腋内;蒴果扁球状,直径 8~15 mm,边缘有 8~10 条纵沟,成熟时带红色,顶端有环状而稍伸长的宿存花柱;种子近肾形,具三棱,长约 4 mm,朱红色。花期 4~8 月,果期 7~11 月。

用途:药用。

秋枫属 *Bischofia*

512 重阳木 *Bischofia polycarpa* (Levl.) Airy Shaw

习性:落叶乔木,树冠伞形状,大枝斜展,小枝无毛,当年生枝绿色,皮孔明显;花雌雄异株,春季与叶同时开放,组成总状花序;花序通常着生于新枝的下部,花序轴纤细而下垂;雄花序 8~13 mm;雌花序 3~12 mm;雄花:萼片半圆形,膜质,向外张开;花丝短;有明显的退化雌蕊;雌花:萼片与雄花的相同,有白色膜质边缘;果实浆果状,圆球形,成熟时褐红色。花期 4~5 月,果期 10~11 月。

用途:食用,木材,蜜源,工业。

野桐属 *Mallotus*

513 白背叶 *Mallotus apelta* (Lour.) Muell. Arg.

习性:灌木或小乔木,小枝、叶柄和花序均密被淡黄色星状柔毛和散生橙黄色颗粒状腺体。叶互生,花雌雄异株,雄花序为开展的圆锥花序或穗状,雄花多朵簇生于苞腋;雌花序穗状,蒴果近球形,密生被灰白色星状毛的软刺,软刺线形,黄褐色或浅黄色,种子近球形,直径约 3.5 mm,褐色或黑色,具皱纹。花期 6~9 月,果期 8~11 月。

用途:木材,蜜源,工业。

514　野桐　*Mallotus tenuifolius* Pax

习性:乔木,叶下面疏被星状粗毛;雌花序总状,不分枝。花期 7~11 月,果期 7~11 月。

用途:药用,工业。

山麻杆属　*Alchornea*

515　山麻杆　*Alchornea davidii* Franch.

习性:落叶灌木,嫩枝被灰白色短茸毛,一年生小枝具微柔毛。叶薄纸质,阔卵形或近圆形,长 8~15 cm,宽 7~14 cm。雌雄异株,雄花序穗状,花期 3~5 月,果期 6~7 月。

用途:食用,工业。

石栗属　*Aleurites*

516　石栗　*Aleurites moluccana*（L.）Willd.

习性:常绿乔木,花雌雄同株,同序或异序,花序长 15~20 cm;花萼在开花时整齐或不整齐的 2~3 裂,密被微柔毛;花瓣长圆形,长约 6 mm,乳白色至乳黄色;雄花:雄蕊 15~20 枚,排成 3~4 轮,生于突起的花托上,被毛;雌花:子房密被星状微柔毛,2~3 室,花柱 2 枚,短、2 深裂。核果近球形或稍偏斜的圆球状,长约 5 cm,直径 5~6 cm,具 1~2 颗种子;种子圆球状,侧扁,种皮坚硬,有疣状突棱。花期 4~10 月。

用途:观赏。

油桐属　*Vernicia*

517　油桐　*Vernicia fordii*（Hemsl.）Airy Shaw

习性:落叶乔木,具明显皮孔。花雌雄同株,先叶或与叶同时开放;花萼长约 1 cm,2~3 裂,外面密被棕褐色微柔毛;花瓣白色,有淡红色脉纹,倒卵形,长 2~3 cm,宽 1~1.5 cm,顶端圆形,基部爪状;雄花:雄蕊 8~12 枚,2 轮;外轮离生,内轮花丝中部以下合生;雌花:子房密被柔毛,3~5(8)室,每室有 1 颗胚珠,花柱与子房室同数,2 裂。核果近球状,直径 4~6(8) cm,果皮光滑;种子 3~4(8)颗,种皮木质。花期 3~4 月,果期 8~9 月。

用途:蜜源,工业。

乌桕属 *Triadica*

518 乌桕 *Triadica sebifera*（Linnaeus）Small

习性：乔木，有皮孔。叶互生，花单性，雌雄同株，聚集成顶生、长3~12 mm的总状花序，雌花生于花序轴下部，雄花生于花序轴上部或有时整个花序全为雄花。蒴果近球形，成熟时黑色，横切面呈三角形，直径3~5 mm，外薄被白色、蜡质的假种皮。花期4~8月。

用途：药用，工业。

519 山乌桕 *Triadica cochinchinensis* Loureiro

习性：乔大或灌木，有皮孔。叶互生，花单性，雌雄同株，密集成长4~9 cm的顶生总状花序，雌花生于花序轴下部，雄花生于花序轴上部或有时整个花序全为雄花。蒴果黑色，球形，直径1~1.5 cm，分果爿脱落后而中轴宿存，种子近球形，长4~5 mm，直径3~4 mm，外薄被蜡质的假种皮。花期4~6月。

用途：药用，木材，工业。

黄杨科（Buxaceae）

黄杨属 *Buxus*

520 黄杨 *Buxus sinica*（Rehd. et Wils.）Cheng

习性：灌木或小乔木，叶革质，阔椭圆形、阔倒卵形、卵状椭圆形或长圆形，花序腋生，头状，花密集，不育雌蕊有棒状柄，蒴果近球形，花期3月，果期5~6月。

用途：观赏，绿化，药用。

521 小叶黄杨 *Buxus sinica* var. *parvifolia* M. Cheng

习性：灌木，叶薄革质，阔椭圆形或阔卵形，蒴果长6~7 mm，无毛。花期3月，果期5~6月。

用途：观赏，药用。

522　尖叶黄杨　*Buxus sinica* var. *aemulans*（Rehder & E. H. Wilson）P. Bruckner & T. L. Ming

习性：常绿灌木或小乔木，叶椭圆状披针形或披针形，花序腋生，头状，蒴果。

用途：观赏。

523　雀舌黄杨　*Buxus bodinieri* Lévl.

习性：灌木，叶薄革质，通常匙形，亦有狭卵形或倒卵形，蒴果卵形。花期2月，果期5~8月。

用途：观赏，药用。

野扇花属　*Sarcococca*

524　野扇花　*Sarcococca ruscifolia* Stapf*

习性：灌木，叶阔椭圆状卵形、卵形、椭圆状披针形、披针形或狭披针形，花序短总状，果实球形，熟时猩红至暗红色。果期10月至翌年2月。

用途：药用，观赏。

马桑科（Coriariaceae）

马桑属　*Coriaria*

525　马桑　*Coriaria nepalensis* Wall.

习性：灌木，高1.5~2.5 m。分枝水平开展，具显著圆形突起的皮孔；总状花序生于二年生的枝条上，雄花序先叶开放，多花密集，序轴被腺状微柔毛；苞片和小苞片卵圆形，果球形，果期花瓣肉质增大包于果外，成熟时由红色变紫黑色；种子卵状长圆形。

用途：药用，食用，工业。

漆树科(Anacardiaceae)

南酸枣属　*Choerospon*

526　南酸枣　*Choerospondias axillaris* (Roxb.) Burtt et Hill*

习性:落叶乔木,树皮灰褐色,片状剥落,小枝粗壮,暗紫褐色,无毛,具皮孔。高 8~20 m,核果黄色。核果椭圆形或倒卵状椭圆形,成熟时黄色。

用途:食用,药用,工业。

黄连木属　*Pistacia*

527　黄连木　*Pistacia chinensis* Bunge

习性:落叶乔木,高达 20 余米,树干扭曲,树皮暗褐色,呈鳞片状剥落,幼枝灰棕色,具细小皮孔,疏被微柔毛或近无毛。核果倒卵状球形,略压扁,成熟时紫红色,干后具纵向细条纹,先端细尖,树干扭曲,木材鲜黄色。

用途:木材,蜜源,工业。

黄栌属　*Cotinus*

528　毛黄栌　*Cotinus coggygria* Scop.

习性:灌木,叶多扩椭圆形,叶倒卵形或卵圆形,先端圆形或微凹,基部圆形或阔楔形,全缘,两面或尤其叶背显著被灰色柔毛,先端常叉开;花药卵形,与花丝等长,花盘 5 裂,紫褐色。叶背沿脉和柄密被柔毛。

用途:工业,观赏。

529　粉背黄栌　*Cotinus coggygria* var. *glaucophylla* C. Y. Wu

习性:灌木,高 2~7 m,叶倒卵形或卵圆形,先端圆形或微凹,基部圆形或阔楔形,全缘,两面或尤其叶背显著被灰色柔毛,先端常叉开;叶柄短。花瓣卵形或卵状披针,无毛;花药卵形,与花丝等长,紫褐色。

用途:观赏。

530　美国红栌　*Cotinus obovatus* Raf. (*)

习性: 落叶灌木或小乔木,株高 3~5 m,树冠圆形至半圆形,小枝紫褐色。花期 4~5 月,圆锥花序有暗紫色毛,花小,杂性,黄绿色,不孕花有紫红色羽状花梗宿存。小核果肾形。果期 6~7 月。

用途:观赏。

盐肤木属 *Rhus*

531 盐肤木 *Rhus chinensis* Mill.

习性:落叶小乔木或灌木,小枝棕褐色,被锈色柔毛,具圆形小皮孔。奇数羽状复叶轴具宽的叶状翅,小叶自下而上逐渐增大,叶轴和叶柄密被锈色柔毛;小叶多形,卵形或椭圆状卵形或长圆形。花期 8~9 月,果期 10 月。

用途:药用,食用,工业。

532 火炬树 *Rhus typhin*a L. *

习性:落叶小乔木,奇数羽状复叶互生,长圆形至披针形。直立圆锥花序顶生,果穗鲜红色。果扁球形,有红色刺毛。花期 6~7 月,果期 8~9 月。

用途:药用,工业。

533 红麸杨 *Rhus punjabensis* var. *sinica* (Diels) Rehd. et Wils.

习性:落叶乔木或小乔木,树皮灰褐色,小枝被微柔毛。奇数羽状复叶,叶轴上部具狭翅,极稀不明显;叶卵状长圆形或长圆形,先端渐尖或长渐尖,基部圆形或近心形,全缘,叶无柄或近无柄。

用途:木材。

534 青麸杨 *Rhus potaninii* Maxim.

习性:落叶乔木,树皮灰褐色,小枝无毛。奇数羽状复叶,叶轴无翅,被微柔毛。小叶具短柄。圆锥花序被微柔毛。花瓣卵形或卵状长圆形,高 5~8 m。

用途:工业,药用,木材,绿化,观赏。

漆树属 *Toxicodendron*

535 木蜡树 *Toxicodendron sylvestre* (Sieb. et Zucc.) O. Kuntze *

习性:落叶乔木或小乔木,高达 10 m。幼枝和芽被黄褐色茸毛,树皮灰褐色。奇数羽状复叶互生,叶轴和叶柄圆柱形,密被黄褐色茸毛;小叶无柄或具短柄。圆锥花序密被锈色茸毛;花黄色。

用途:工业。

536 野漆 *Toxicodendron succedaneum* (L.) O. Kuntze

习性:落叶乔木或小乔木,高达 10 m。小枝粗壮,无毛,顶芽大,紫褐色,外面近无毛。奇数羽状复叶互生,常集生小枝顶端,无毛,叶轴和叶柄圆柱形;叶柄长 6~9 cm。核果大,偏斜,压扁,先端偏离中心,外果皮薄,淡黄色,无毛,中果皮厚,蜡质,白色,果核坚硬,压扁。

用途:药用,木材,蜜源,工业。

537 漆 *Toxicodendron vernicifluum* (Stokes) F. A. Barkl.

习性:落叶乔木,花期 5~6 月,果期 7~10 月。树皮灰白色,粗糙,呈不规则纵裂,小枝粗壮,被棕黄色柔毛,后变无毛,具圆形或心形的大叶痕和突起的皮孔。花黄绿色,雄花花梗纤细,长 1~3 mm,雌花花梗短粗。

用途:工业,木材,药用。

冬青科 (Aquifoliaceae)

冬青属 *Ilex*

538 全缘冬青 *Ilex integra* Thunb.*

习性:常绿小乔木,高 5.5 m;叶片厚革质,倒卵形或倒卵状椭圆形,稀倒披针形,雌花未见。果 1~3 粒簇生于当年生枝的叶腋内;果球形,成熟时红色。花期 4 月,果期 7~10 月。

用途:绿化。

539 大叶冬青 *Ilex latifolia* Thunb.*

习性:常绿大乔木,高达 20 m,胸径 60 cm,树皮灰黑色;叶片厚革质,长圆形或卵状长圆形,由聚伞花序组成的假圆锥花序生于二年生枝的叶腋内,果球形。花期 4 月,果期 9~10 月。

用途:药用,观赏,工业。

540 冬青 *Ilex chinensis* Sims*

习性:常绿乔木,高达 13 m;树皮灰黑色,叶片薄革质至革质,椭圆形或披针形,稀卵形,子房卵球形,果长球形,成熟时红色,分核 4~5。花期 4~6 月,果期 7~12 月。

用途:观赏,木材,药用,工业。

541 大果冬青 *Ilex macrocarpa* Oliv.

习性:落叶乔木,高 5~10(17)m,叶片纸质至坚纸质,卵形、卵状椭圆形,稀长圆状椭圆形,单花或 2~5 花的聚伞花序,果球形,直径 10~14 mm,成熟时黑色,分核长圆形,两侧扁。花期 4~5 月,果期 10~11 月。

用途:药用。

542 大柄冬青 *Ilex macropoda* Miq.

习性:落叶乔木,高 10~13(17)m,树皮灰褐色,叶片纸质或膜质,卵形或阔椭圆形,果球形,直径约 5 mm,成熟时红色。花期 5~6 月,果期 10~11 月。

用途:工业,绿化。

543　猫儿刺　*Ilex pernyi* Franch.

习性:常绿灌木或乔木,高 1~5(8)m,树皮银灰色,纵裂,叶片革质,卵形或卵状披针形,果球形或扁球形,成熟时红色。花期 4~5 月,果期 10~11 月。

用途:药用。

544　枸骨　*Ilex cornuta* Lindl. et Paxt.

习性:常绿灌木或小乔木,高(0.6)1~3 m,叶片厚革质,二型,四角状长圆形或卵形,果球形,成熟时鲜红色。花期 4~5 月,果期 10~12 月。

用途:观赏,药用,蜜源,工业。

545　无刺枸骨　*Ilex cornuta* var. *fortune* *

习性:常绿乔木,树种枝繁叶茂,叶形奇特,浓绿有光泽。核果球形,初为绿色,入秋成熟转红。花期 3~5 月,果期 10~11 月。

用途:观赏。

546　细刺枸骨　*Ilex hylonoma* Hu et Tang *

习性:常绿乔木,高 4~10 m,叶片薄革质,椭圆形或长圆状椭圆形;由 3 花组成的聚伞花序簇生于二年生枝的叶腋内,果近球形,成熟时红色。花期 3~5 月,果期 10~11 月。

用途:药用。

卫矛科(Celastraceae)

卫矛属　*Euonymus*

547　卫矛　*Euonymus alatus* (Thunb.) Sieb.

习性:灌木,小枝常具 2~4 列宽阔木栓翅;聚伞花序 1~3 花;萼片半圆形;花瓣近圆形;雄蕊着生花盘边缘处,花丝极短,开花后稍增长,花药宽阔长方形,2 室顶裂。蒴果 1~4 深裂,裂瓣椭圆状,萼片半圆形;花瓣近圆形;雄蕊着生于花盘边缘处,花丝极短,开花后稍增长,花药宽阔长方形,2 室顶裂。蒴果 1~4 深裂,裂瓣椭圆状。花期 5~6 月,果期 7~10 月。

用途:药用。

548 疣点卫矛 *Euonymus verrucosoides* Loes.

习性:落叶灌木,聚伞花序,2~5 花;花序梗细线状,长 1~3 cm;花瓣椭圆形;花盘近方形;雄蕊插生花盘内方,紧贴雌蕊,种子长椭圆状,近黑色,种脐一端紫红色,假种皮长为种子的一半或稍长,一侧开裂。花期 6~7 月,果期 8~9 月。

用途:绿化。

549 垂丝卫矛 *Euonymus oxyphyllus* Miq.

习性:灌木,聚伞花序宽疏,通常 7~20 花;花序梗细长,长 4~5 cm,顶端 3~5 分枝,每分枝具一个三出小聚伞;花淡绿色,蒴果近球状,直径 10 mm,无翅,仅果皮背缝处常有突起棱线。

用途:观赏。

550 小卫矛 *Euonymus nanoides* Loes.

习性:小灌木,聚伞花序有花 1~2 朵,偶为 3 朵,花序梗、小花梗通常均极短,花黄绿色,直径约 5 mm;蒴果熟时紫红色,近圆球状,上部 1~4 浅裂;果梗长 2~4 mm;种子紫褐色,类球状,直径 5 mm,假种皮橙色,全包种子,仅顶端有小口。花期 4~5 月,果熟期 8~9 月。

用途:观赏。

551 栓翅卫矛 *Euonymus phellomanus* Loes

习性:灌木,聚伞花序 2~3 次分枝,有花 7~15 朵;花白绿色,直径约 8 mm,4 数;蒴果 4 棱,倒圆心状,粉红色;种子椭圆状,种脐、种皮棕色,假种皮橘红色,包被种子全部。花期 7 月,果期 9~10 月。

用途:观赏,药用,工业。

552 白杜 *Euonymus maackii* Rupr

习性:小乔木,聚伞花序 3 至多花,花序梗略扁,花 4 数,淡白绿色或黄绿色,雄蕊花药紫红色,花丝细长,蒴果倒圆心状,成熟后果皮粉红色;种子长椭圆状,种皮棕黄色,假种皮橙红色,全包种子,成熟后顶端常有小口。花期 5~6 月,果期 9 月。

用途:绿化,木材,药用,工业。

553 西南卫矛 *Euonymus hamiltonianus* Wall. ex Roxb

习性:小乔木,高 5~6 m;枝条无栓翅,但小枝的棱上有时有 4 条极窄木栓棱,与栓翅卫矛 E. phellomanus Loes. 极相近,但本种叶较大,卵状椭圆形、长方椭圆形或椭圆披针形,长 7~12 cm,宽 7 cm,叶柄也较粗长,长可达 5 cm。蒴果较大,直径 1~1.5 cm。花期 5~6 月,果期 9~10 月。

用途:观赏。

554　陕西卫矛　*Euonymus schensianus* Maxim

习性:藤本灌木,枝条稍带灰红色。聚伞花序,在花梗顶端有5数分枝,中央分枝一花,长约2 cm,内外一对分枝长达4 cm,顶端各有一三出小聚伞;花4数,黄绿色。花瓣常稍带红色,蒴果方形或扁圆形,每室只1个种子成熟,种子黑色或棕褐色,全部被橘黄色假种皮包围。

用途:观赏,木材,工业,药用。

555　冷地卫矛　*Euonymus frigidus* Wall. ex Roxb

习性:落叶灌木,聚伞花序松散;花紫绿色,直径1~1.2 cm;萼片近圆形;雄蕊着生裂片上,无花丝;子房无花柱。蒴果具4翅,种子近圆盘状,稍扁,直径6~8 mm。包于橙色假种皮内。

用途:药用。

556　石枣子　*Euonymus sanguineus* Loes

习性:灌木,高达8 m。聚伞花序具长梗,梗长4~6 cm,顶端有3~5细长分枝,除中央枝单生花,其余常具一对3花小聚伞;花白绿色, 4数,蒴果扁球状,直径约1 cm。

用途:药用。

557　纤齿卫矛　*Euonymus giraldii* Loes.

习性:匍匐灌木,聚伞花序梗长3~5 cm,顶端有3~5分枝,花淡绿色,有时稍带紫色,直径6~10 mm,4数;花瓣近圆形;花萼、花瓣常具明显脉;蒴果长方扁圆状,种子椭圆卵状,长5~8 mm,棕褐色,有光泽。花期5~9月,果期8~11月。

用途:绿化,药用。

558　刺果卫矛　*Euonymus acanthocarpus* Franch

习性:灌木,直立或藤本,小枝密被黄色细疣突。聚伞花序较疏大,多为2~3次分枝;花序梗扁宽或4棱,长(1.5)2~6(8) cm,第一次分枝较长,通常1~2 cm,第二次稍短;子房有柱状花柱,柱头不膨大。蒴果成熟时棕褐带红,直径连刺1~1.2 cm。种子外被橙黄色假种皮。

用途:药用。

559　小果卫矛　*Euonymus microcarpus* Sprague

习性:灌木,高 2~6 m。聚伞花序 1~4 次分枝,花黄绿色,花瓣近圆形;花盘方圆;雄蕊着生花盘边缘处,蒴果近长圆状,种子棕红色,长圆状,长约 5 mm,外被橘黄色假种皮。

用途:药用。

560　裂果卫矛　*Euonymus dielsianus* Loes

习性:灌木和小乔木,聚伞花序 1~7 花;花 4 数,直径约 5 mm,黄绿色;萼片较阔圆形,边缘具锯齿,齿端具黑色腺点;花瓣长圆形,萼片较阔圆形,边缘具锯齿,齿端具黑色腺点;花瓣长圆形,种子长圆状,长约 5 mm,枣红色或黑褐色,假种皮橘红色,盔状,包围种子上半部。花期 6~7 月,果期 10 月。

用途:药用。

561　大果卫矛　*Euonymus myrianthus* hemsl.

习性:常绿灌木,聚伞花序多聚生小枝上部,常数序着生新枝顶端,花黄色,花盘四角有圆形裂片;雄蕊着生裂片中央小突起上,花丝极短或无;子房锥状,有短壮花柱。蒴果黄色,多呈倒卵状,假种皮橘黄色。花期 4~7 月,果期 8~11 月。

用途:药用。

562　冬青卫矛　*Euonymus japonicus* Thunb. *

习性:灌木,聚伞花序 5~12 花,花序梗长 2~5 cm,2~3 次分枝,分枝及花序梗均扁壮,第三次分枝常与小花梗等长或较短;小花梗长 3~5 mm;花白绿色,蒴果近球状,淡红色;种子每室 1,顶生,椭圆状,假种皮橘红色,全包种子。花期 6~7 月,果熟期 9~10 月。

用途:观赏。

563　扶芳藤　*Euonymus fortunei* (Turcz.) Hand. -Mazz.

习性:常绿藤本灌木,聚伞花序 3~4 次分枝;小聚伞花密集,有花 4~7 朵,分枝中央有单花,小花梗长约 5 mm;花白绿色,4 数,花盘方形,直径约 2.5 mm;蒴果粉红色,果皮光滑,近球状,直径 6~12 mm;种子长方椭圆状,棕褐色,假种皮鲜红色,全包种子。花期 6 月,果期 10 月。

用途:药用,园林。

564　胶东卫矛　*Euonymus fortunei* (Turcz.) Hand. -Mazz.

习性:常绿藤本灌木,聚伞花序 2 歧分枝,成疏松的小聚伞;花淡绿色,4 数,雄蕊有细长分枝,成疏松的小聚伞;花淡绿色,4 数,雄蕊有细长花丝。蒴果扁球形,粉红色,直径约 1 cm,4 纵裂,有浅沟;种子包有黄红色的假种皮。花期 6 月,果期 10 月。

用途:药用。

565 曲脉卫矛 *Euonymus venosus* Hemsl.

习性:灌木或小乔木,小枝黄绿色,被细密瘤突。聚伞花序多为 1~2 次分枝,小花 3~7,稀达 9 朵;花序梗长 1.5~2.5 cm,中央小花梗长约 5 mm,两侧小花梗长约 2 mm;花淡黄色,直径 6~8 mm,4 数;雄蕊花丝长 1 mm 以上。蒴果球状,有 4 浅沟,直径达 15 mm,果皮极平滑,黄白带粉红色;种子每室 1 个,稍肾状,假种皮橘红色。花期 5~7 月,果熟期 8~9 月。

用途:观赏。

南蛇藤属 *Celastrus*

566 南蛇藤 *Celastrus orbiculatus* Thunb.

习性:藤状灌木,聚伞花序腋生,间有顶生,花序长 1~3 cm,小花 1~3 朵,偶仅 1~2 朵,花盘稍深厚,肉质,退化雄蕊极短小;子房近球状,蒴果近球状,种子椭圆状稍扁,赤褐色。花期 5~6 月,果期 7~10 月。

用途:药用,木材,工业。

567 粉背南蛇藤 *Celastrus hypoleucus* (Oliv.) Warb. ex Loes.

习性:藤状灌木,小枝具稀疏阔椭圆形或近圆形皮孔,当年小枝上无皮孔;顶生聚伞圆锥花序,多花,腋生者短小,具 3~7 花,花瓣长方形或椭圆形,果序顶生,长而下垂,腋生花多不结实。蒴果疏生,球状,有细长小果梗,果瓣内侧有棕红色细点,种子平凸到稍新月状,两端较尖,黑色到黑褐色。花期 6~8 月,果期 10 月。

用途:药用。

568 短梗南蛇藤 *Celastrus rosthornianus* Loes.

习性:小枝具较稀皮孔,腋芽圆锥状或卵状,花序顶生及腋生,顶生者为总状聚伞花序,花瓣近长方形,雄蕊较花冠稍短,在雌花中退化雄蕊长 1~1.5 mm;蒴果近球状,种子阔椭圆状。花期 4~5 月,果期 8~10 月。

用途:药用。

569　刺苞南蛇藤　*Celastrus flagellaris* Rupr.

习性:藤本灌木,冬芽小,钝三角状,最外一对芽鳞宿存,聚伞花序腋生,1~5花或更多,花盘浅杯状,顶端近平截,雄蕊稍长于花冠,在雌花中退化雄蕊长约1 mm;子房球状。蒴果球状;种子近椭圆状棕色。花期4~5月,果期8~9月。

用途:药用,园林。

570　苦皮藤　*Celastrus angulatus* Maxim.

习性:藤状灌木;小枝常具4~6纵棱,皮孔密生,圆形到椭圆形,白色,腋芽卵圆状,聚伞圆锥花序顶生,下部分枝长于上部分枝,略呈塔锥形,长10~20 cm,花序轴及小花轴光滑或被锈色短毛;蒴果近球状,直径8~10 mm;种子椭圆状。花期5月。

用途:工业,药用。

571　大芽南蛇藤　*Celastrus gemmatus* Loes.

习性:藤状灌木;小枝具多数皮孔,皮孔阔椭圆形到近圆形,棕灰白色,聚伞花序顶生及腋生,顶生花序长约3 cm,侧生花序短而少花;雄蕊约与花冠等长,在雌花中退化,雌蕊瓶状,子房球状,蒴果球状,小果梗具明显突起皮孔;种子阔椭圆状到长方椭圆状,两端钝,红棕色,有光泽。花期4~9月,果期8~10月。

用途:药用。

省沽油科(Staphyleaceae)

省沽油属　*Staphylea*

572　省沽油　*Staphylea bumalda* DC.

习性:落叶灌木,树皮紫红色或灰褐色,有纵棱;枝条开展,绿白色复叶对生,有长柄,具三小叶。蒴果膀胱状,扁平;种子黄色,有光泽。花期4~5月,果期8~9月。

用途:工业,木材。

573　膀胱果　*Staphylea holocarpa* Hemsl.

习性:落叶灌木或小乔木,果为3裂、梨形膨大的蒴果,长4~5 cm,宽2.5~3 cm。广展的伞房花序,长5 cm,或更长,花白色或粉红色。花期5月,9月果熟。

用途:观赏。

野鸦椿属 *Euscaphis*

574 野鸦椿 *Euscaphis japonica* (Thunb.) Dippel

习性:小乔木或灌木,树皮灰褐色,具纵条纹,小枝及芽红紫色,圆锥花序顶生,花梗,花多,较密集,黄白色,蓇葖果长 1~2 cm,每一花发育为 1~3 个蓇葖,果皮软革质,紫红色,有纵脉纹,种子近圆形,假种皮肉质,黑色,有光泽。花期 5~6 月,果期 8~9 月。

用途:木材,药用,观赏。

槭树科(Aceraceae)

金钱槭属 *Dipteronia*

575 金钱槭 *Dipteronia sinensis* Oliv.

习性:落叶小乔木,小枝纤细,圆柱形,幼嫩部分紫绿色,较老的部分褐色或暗褐色,皮孔卵形。冬芽细小,微被短柔毛。叶为对生的奇数羽状复叶。果实为翅果。叶柄圆柱形,无毛。花白色,杂性,雄花与两性花同株,萼片上卵形或椭圆形,阔卵形,与萼片互生。花期 4 月,果期 9 月。

用途:观赏。

槭属 *Acer*

576 元宝槭 *Acer truncatum* Bunge

习性:落叶乔木;树皮灰褐色或深褐色,深纵裂。小枝无毛,当年生枝绿色,多年生枝灰褐色,具圆形皮孔。花黄绿色,杂性,雄花与两性花同株,常成无毛的伞房花序;萼片黄绿色,长圆形,先端钝形;花瓣淡黄色或淡白色,长圆倒卵形。花期 4 月,果期 8 月。

用途:观赏,工业,木材。

577 五角槭 *Acer pictum* subsp. *mono* (Maximowicz) H. Ohashi

习性:落叶乔木,树皮粗糙,叶片纸质,基部截形或近于心脏形,外貌近于椭圆形,裂片卵形,先端锐尖或尾状锐尖,上面深绿色,无毛,下面淡绿色,叶柄细瘦,无毛。花药黄色,椭圆形。花期 5 月,果期 9 月。

用途:木材,观赏。

578 三尖色木槭 *Acer mono* Maxim. var. *tricuspis* (Rehd.) Rehd.

习性:落叶乔木,长和宽均 4~7 cm,基部近于圆形,常 3 裂,裂片卵形,先端长锐尖,还有不分裂的叶同时生长,翅果长约 3 cm,小坚果压扁状,翅近于长圆形或长圆倒卵形,张开成锐角。花期不明,果期 9 月。

用途:观赏。

579　长柄槭　*Acer longipes* Franch. ex Rehd.

习性:落叶乔木,树皮灰色或紫灰色,微现裂纹。当年生的嫩枝紫绿色,无毛,多年生的老枝淡紫色或紫灰色,具圆形或卵形的皮孔。花期4月,果期9月。

用途:观赏。

580　鸡爪槭　*Acer palmatum* Thunb.

习性:落叶小乔木,树皮深灰色。小枝细瘦;当年生枝紫色或淡紫绿色,叶纸质,外貌圆形,基部心脏形或近于心脏形稀截形。花紫色,杂性,雄花与两性花同株。翅果嫩时紫红色,成熟时淡棕黄色。花期5月,果期9月。

用途:观赏。

581　羽毛槭　*Acer palmatum* var. Dissectum

习性:落叶灌木,叶片掌状深裂几达基部,裂片狭长,又羽状细裂,树体较小。树冠扁圆形或伞形。小枝光滑,细长。花紫色,伞形状伞房花序。翅果平滑,棕黄色。5月开花,10月果熟。

用途:观赏。

582　中华重齿槭　*Acer duplicatoserratum* var. *chinense* C. S. Chang

习性:落叶乔木,小枝嫩时被白色长柔毛,渐老无毛;小坚果近于卵圆形;翅镰刀形,宽1 cm,连同小坚果长2~2.4 cm,张开成钝角。萼片淡紫色,卵状长圆形,长2~3 mm;花瓣白色,短于萼片。花期5月,果期9月。

用途:观赏。

583　蜡枝槭　*Acer ceriferum* Rehd.

习性:落叶乔木,树皮平滑,灰色或深灰色;叶纸质,外貌圆形,直径4~7 cm,基部截形,稀近于心脏形,常7裂,稀5裂;小坚果凸起,被长柔毛,长6 mm,宽4 mm;果实紫黄色。常成小的伞房果序。花期不明,果期9月。

用途:观赏。

584　茶条枫　*Acer ginnala* Maxim.

习性:落叶灌木或小乔木,树皮粗糙、微纵裂,灰色,稀深灰色或灰褐色。叶纸质,基部圆形,截形或略近于心脏形,叶片长圆卵形或长圆椭圆形;花瓣长圆卵形白色,较长于萼片;雄蕊与花瓣近于等长,花丝无毛,花药黄色。花期5月,果期10月。

用途:观赏。

585　苦条槭　*Acer tataricum* subsp. *theiferum*(W. P. Fang) Y. S. Chen & P. C. de Jong

习性:落叶灌木或小乔木,卵形或椭圆状卵形,长5~8 cm,宽2.5~5 cm,不分裂或不明显的3~5裂,边缘有不规则的锐尖重锯齿,下面有白色疏柔毛;花序长3 cm,有白色疏柔毛;翅果较大,长2.5~3.5 cm。花期5月,果期9月。

用途:工业,食用,药用。

586　长尾槭　*Acer caudatum* Wall.

习性:落叶乔木,小枝粗壮,当年生枝紫色或紫绿色,近于无毛,多年生枝灰色或灰黄色,具椭圆形或长圆形皮孔。花瓣淡黄色,无毛,线状长圆形或线状倒披针形,先端钝尖;雄蕊无毛,比花瓣略长,着生于花盘中部,花药紫色,球形或长圆形,花盘微裂,无毛。花期5月,果期9月。

用途:观赏。

587　毛花槭　*Acer erianthum* Schwer. *

习性:落叶乔木,树皮淡灰色或灰褐色。小枝细瘦,无毛,当年生枝绿色或紫绿色,多年生枝灰色或灰褐色,具皮孔。翅果嫩时紫绿色,成熟时黄褐色;小坚果特别凸起,近于球形。花期5月,果期9月。

用途:药用。

588　中华槭　*Acer sinense* Pax

习性:落叶乔木,树皮平滑,淡黄褐色或深黄褐色。小枝细瘦,无毛,当年生枝淡绿色或淡紫绿色,多年生枝绿褐色或深褐色,平滑。萼片淡绿色,卵状长圆形或三角状长圆形,先端微钝尖,边缘微有纤毛;花瓣白色,长圆形或阔椭圆形。花期5月,果期9月。

用途:观赏,园林。

589　深灰槭　*Acer caesium* Wall. ex Brandis

习性:落叶乔木,高15~20 m。树皮灰色。叶较小,纸质,径11~12 cm,基部近心形,3~5裂,边缘牙齿状,上面绿色,下面被白粉。伞房花序着生于小枝顶端,花淡黄绿色。翅果长4~5 cm,近于直立,小坚果凸起,嫩时被疏柔毛,翅倒卵形、嫩时淡紫绿色。花期5月,果期9月。

用途:木材。

590　五裂槭　*Acer oliverianum* Pax

习性:落叶小乔木,树皮平滑,淡绿色或灰褐色,常被蜡粉。小枝细瘦,无毛或微被短柔毛,当年生嫩枝紫绿色,多年生老枝淡褐绿色。花瓣淡白色,卵形,先端钝圆。花期5月,果期9月。

用途:药用。

591　三角槭　*Acer buergerianum* Miq.

习性:落叶乔木,树皮褐色或深褐色,粗糙。小枝细瘦;当年生枝紫色或紫绿色,近于无毛;多年生枝淡灰色或灰褐色,稀被蜡粉。叶柄淡紫绿色,细瘦,无毛。翅果黄褐色;小坚果特别凸起。花期4月,果期8月。

用途:观赏,绿化。

592　青榨槭　*Acer davidii* Franch.

习性:落叶乔木,树皮黑褐色或灰褐色,常纵裂成蛇皮状。小枝细瘦,圆柱形,无毛。叶纸质,外貌长圆卵形或近于长圆形,先端锐尖或渐尖。翅果嫩时淡绿色,成熟后黄褐色。花期4月,果期9月。

用途:观赏,工业,绿化。

593　葛萝槭　*Acer grosseri* Pax

习性：落叶乔木，花淡黄绿色，单性，雌雄异株，常成细瘦下垂的总状花序；萼片 5，花瓣 5，雄蕊 8，子房紫色。翅果嫩时淡紫色，成熟后黄褐色；小坚果长 7 mm，宽 4 mm，略微扁平。花期 4 月，果期 9 月。

用途：观赏，园林。

594　五尖槭　*Acer maximowiczii* Pax

习性：落叶乔木，树皮黑褐色，平滑。小枝细瘦，无毛；当年生枝紫色或红紫色；多年生枝深褐色或灰褐色。叶柄紫绿色，细瘦，无毛。翅果紫色，成熟后黄褐色；小坚果稍扁平；翅连同小坚果张开成钝角。花期 5 月，果期 9 月。

用途：观赏，工业，木材。

595　秦岭槭　*Acer tsinglingense* Fang et Hsieh

习性：落叶乔木，小枝淡紫色，被灰色柔毛，老枝近无毛。叶纸质，近圆形，长宽 4~6 cm。叶柄长 6~10 cm，被柔毛。总状花序腋生；花单性，雌雄异株，淡绿色；总状花序腋生；花单性，雌雄异株，淡绿色；萼片和花瓣均 5；雄蕊 8，长 7 mm，花丝无毛，位于花盘内侧；花期 4 月，果期 8~9 月。

用途：园林绿化。

596　四蕊槭　*Acer tetramerum* Pax

习性：落叶乔木，小枝细瘦，紫色或紫绿色。叶卵形或卵状椭圆形。雌雄异株，总状花序，花黄绿色，雄花序很短，3~5 花，雌花序长 4~5 cm，5~8 花。花期 4 月下旬至 5 月上旬，果期 9 月。

用途：观赏。

597　血皮槭　*Acer griseum*（Franch.）Pax

习性：落叶乔木，树皮赭褐色，常成卵形，纸状的薄片脱落。小叶纸质，卵形，椭圆形或长圆椭圆形，先端钝尖，顶生的小叶片基部楔形或阔楔形。聚伞花序有长柔毛；花淡黄色，杂性，雄花与两性花异株。花期 4 月，果期 9 月。

用途：木材，工业，绿化。

598　建始槭　*Acer henryi* Pax

习性：落叶乔木，树皮浅褐色。小枝圆柱形，小叶椭圆形或长圆椭圆形，穗状花序，下垂，有短柔毛。花瓣 5，短小或不发育；雄花有雄蕊。翅果嫩时淡紫色，成熟后黄褐色，小坚果凸起，长圆形，脊纹显著。花期 4 月，果期 9 月。

用途：观赏。

599　梣叶槭　*Acer negundo* L.

习性：落叶乔木，树皮黄褐色或灰褐色。羽状复叶；小叶纸质，卵形或椭圆状披针形。雌雄异株，无花瓣及花盘，花丝很长，子房无毛。小坚果凸起，近于长圆形或长圆卵形，无毛。花期 4~5 月，果期 9 月。

用途：蜜源，绿化。

600　挪威槭　*Acer platanoides* L. *

习性：高大乔木，叶片5裂，叶形秀丽。早春开花，花黄绿色，伞状花序，秋季叶色按品种不同可以分为金黄、橙红、酱紫、紫红等色。树冠卵圆形。枝条粗壮，树皮表面有细长的条纹，叶形秀丽。

用途：木材，绿化。

七叶树科（Hippocastanaceae）

七叶树属　*Aesculus*

601　七叶树　*Aesculus chinensis* Bunge

习性：落叶乔木，树皮深褐色或灰褐色，小枝、圆柱形，黄褐色或灰褐色。掌状复叶，叶柄有灰色微柔毛；小叶纸质，长圆披针形至长圆倒披针形。花瓣白色，花药长圆形，淡黄色。花期4~5月，果期10月。

用途：观赏，木材，药用，工业。

602　天师栗　*Aesculus wilsonii* Rehd.

习性：落叶乔木，树皮平滑，灰褐色，掌状复叶对生，有长10~15 cm的叶柄。常成薄片脱落。小枝圆柱形，紫褐色。花瓣倒卵形，外面有茸毛，内面无毛，边缘有纤毛，白色，有黄色斑块。花期4~5月，果期9~10月。

用途：观赏，木材，药用。

无患子科（Sapindaceae）

无患子属　*Sapindus*

603　无患子　*Sapindus mukorossi* Gaertn.

习性：落叶大乔木，枝开展，叶互生；无托叶；有柄；圆锥花序，顶生及侧生；花杂性，花冠淡绿色，有短爪；花盘杯状；两性花雄蕊小，花丝有软毛。核果球形，熟时黄色或棕黄色。种子球形，黑色。花期6~7月，果期9~10月。

用途：药用，工业，木材。

栾树属　*Koelreuteria*

604　栾　*Koelreuteria paniculata* Laxm.

习性：落叶乔木或灌木，树皮厚，灰褐色至灰黑色，老时纵裂；皮孔小，灰至暗褐色。聚伞圆锥花序长25~40 cm，密被微柔毛，分枝长而广展，在末次分枝上的聚伞花序密集呈头状。开花时橙红色。花期6~8月，果期9~10月。

用途：观赏，木材，工业，药用。

605　复羽叶栾　*Koelreuteria bipinnata* Franch.

习性:乔木,皮孔圆形至椭圆形;枝具小疣点。小叶互生,很少对生,纸质或近革。蒴果椭圆形或近球形,淡紫红色,老熟时褐色,顶端钝或圆;有小凸尖,果瓣椭圆形至近圆形,外面具网状脉纹。花期7~9月,果期8~10月。

用途:药用,工业。

文冠果属　*Xanthoceras*

606　文冠果　*Xanthoceras sorbifolium* Bunge*

习性:落叶灌木或小乔木,高2~5 m;小枝粗壮,褐红色,无毛,顶芽和侧芽有覆瓦状排列的芽鳞。小叶4~8对,膜质或纸质,顶生小叶通常3深裂;侧脉纤细,两面略凸起。花瓣白色,基部紫红色或黄色,有清晰的脉纹;花盘的角状附属体橙黄色。蒴果长达6 cm;种子黑色而有光泽。花期春季,果期秋初。

用途:食用,工业。

清风藤科(Sabiaceae)

清风藤属　*Sabia*

607　四川清风藤　*SSabia schumanniana* Diels.

习性:落叶攀缘木质藤本,长2~3 m;当年生枝黄绿色,有纵条纹,二年生枝褐色,无毛。芽鳞卵形,无毛,边有缘毛。叶纸质,长圆状卵形;侧脉每边3~5条。聚伞花序有花1~3朵;花淡绿色,5基数;萼片三角状卵形;花瓣长圆形或阔倒卵形;花盘肿胀,圆柱状。分果爿倒卵形或近圆形,无毛,核的中肋呈狭翅状,中肋两边各有2行蜂窝状凹穴,两侧面有块状凹穴,腹部平。花期3~4月,果期6~8月。

用途:工业,药用。

608　清风藤　*Sabia japonica* Maxim.

习性:落叶攀缘木质藤本,叶近纸质,卵状椭圆形、卵形或阔卵形,叶面深绿色,中脉有稀疏毛,叶背带白色,脉上被稀疏柔毛,花先叶开放,单生于叶腋,花瓣5片,淡黄绿色,倒卵形或长圆状倒卵形,分果爿近圆形或肾形。花期2~3月,果期4~7月。

用途:药用。

泡花树属 *Meliosma*

609　垂枝泡花树　*Meliosma flexuosa* Pamp.

习性:小乔木,腋芽通常两枚并生,单叶,膜质,倒卵形或倒卵状椭圆形,圆锥花序顶生,果近卵形,核极扁斜,具明显凸起细网纹,中肋锐凸起,从腹孔一边至另一边。花期 5~6 月,果期 7~9 月。

用途:木材。

610　细花泡花树　*Meliosma parviflora* Lecomte

习性:落叶灌木或小乔木,树皮灰色,平滑,成鳞片状或条状脱落,叶为单叶,纸质,倒卵形,圆锥花序顶生,花白色,核果球形,花期夏季。果期 9~10 月。

用途:木材。

611　泡花树　*Meliosma cuneifolia* Franch.

习性:落叶灌木或乔木,树皮黑褐色,叶为单叶,纸质,倒卵状楔形或狭倒卵状楔形,圆锥花序顶生,核果扁球形,核三角状卵形,顶基扁,腹部近三角形。花期 6~7 月,果期 9~11 月。

用途:木材,药用。

612　暖木　*Meliosma veitchiorum* Hemsl.

习性:乔木,复叶连柄长 60~90 cm,叶轴圆柱形,基部膨大;小叶纸质,7~11 片,卵形或卵状椭圆形,圆锥花序顶生,直立,核果近球形,直径约 1 cm;核近半球形,平滑或不明显稀疏纹,中肋显著隆起,常形成钝嘴,腹孔宽,具三角形的填塞物。花期 5 月,果期 8~9 月。

用途:观赏,木材。

鼠李科(Rhamnaceae)

雀梅藤属 *Sageretia*

613　少脉雀梅藤　*Sageretia paucicostata* Maxim.

习性:直立灌木,或稀小乔木,高可达 6 m,叶互生或近对生,椭圆形或倒卵状椭圆形,花黄绿色,单生或 2~3 个簇生,排成疏散穗状或穗状圆锥花序,常生于侧枝顶端或小枝上部叶腋,核果倒卵状球形或圆球形,种子扁平,两端微凹。花期 5~9 月,果期 7~10 月。

用途:药用,观赏。

614　尾叶雀梅藤　*Sageretia subcaudata* Schneid.

习性:藤状或直立灌木,高达 1.5 m,叶近对生或互生,卵形、卵状椭圆形、矩圆形或矩圆形,花黄白色或白色,通常单生或 2~3 个簇生排成顶生或腋生疏散穗状或穗状圆锥花序,核果球形,种子宽倒卵形。花期 7~11 月,果期翌年 4~5 月。

用途:药用,观赏。

鼠李属　*Rhamnus*

615　卵叶鼠李　*Rhamnus bungeana* J. Vass.

习性:小灌木,高达 2 m,叶对生或近对生,卵形、卵状披针形或卵状椭圆形,花黄绿色,通常 2~3 个在短枝上簇生或单生于叶腋,4 基数,雌雄异株,核果倒卵状球形或圆球形,种子卵圆形。花期 4~5 月,果期 6~9 月。

用途:工业。

616　小叶鼠李　*Rhamnus parvifolia* Bunge

习性:灌木,高 1.5~2 m,叶对生或近对生,菱状倒卵形或菱状椭圆形,花黄绿色,雌雄异株,4 基数,通常数个簇生于短枝上,核果倒卵状球形,种子矩圆状倒卵圆形。花期 4~5 月,果期 6~9 月。

用途:观赏。

617　圆叶鼠李　*Rhamnus globosa* Bunge *

习性:灌木,高 2~4 m,叶对生或近对生,近圆形、倒卵状圆形或卵圆形,花雌雄异株,通常数个至 20 个簇生于短枝端或长枝下部叶腋,4 基数,核果球形或倒卵状球形。花期 4~5 月,果期 6~10 月。

用途:工业,药用。

618　薄叶鼠李　*Rhamnus leptophylla* Schneid.

习性:灌木或稀小乔木,高达 5 m,叶对生或近对生,或在短枝上簇生,倒卵形至倒卵状椭圆形,花雌雄异株,4 基数,雄花 10~20 个簇生于短枝端,雌花数个至 10 余个簇生于短枝端或长枝下部叶腋,核果球形,种子宽倒卵圆形。花期 3~5 月,果期 5~10 月。

用途:药用。

619 鼠李 *Rhamnus davurica* Pall.

习性:灌木或小乔木,高达 10 m,叶对生或近对生,或在短枝上簇生,宽椭圆形或卵圆形,花雌雄异株,4 基数,雌花 1~3 个生于叶腋或数个至 20 余个簇生于短枝端,核果球形,种子卵圆形。花期 5~6 月,果期 7~10 月。

用途:工业,药用,木材。

620 冻绿 *Rhamnus utilis* Decne.

习性:灌木或小乔木,高达 4 m,叶对生或近对生,或在短枝上簇生,椭圆形、矩圆形或倒卵状椭圆形,花雌雄异株,4 基数,雄花数个簇生于叶腋,或 10~30 余个聚生于小枝下部,雌花 2~6 个簇生于叶腋或小枝下部,核果圆球形或近球形。花期 4~6 月,果期 5~8 月。

用途:工业。

621 皱叶鼠李 *Rhamnus rugulosa* Hemsl.

习性:灌木,高 1 m 以上,叶通常互生,或 2~5 个在短枝端簇生,倒卵状椭圆形、倒卵形或卵状椭圆形,花雌雄异株,黄绿色,4 基数,雄花数个至 20 个,雌花 1~10 个簇生于当年生枝下部或短枝顶端,核果倒卵状球形或圆球形,种子矩圆状倒卵圆形。花期 4~5 月,果期 6~9 月。

用途:药用。

枳椇属 *Hovenia*

622 北枳椇 *Hovenia dulcis* Thunb.

习性:高大乔木,稀灌木,高达 10 余米,叶卵圆形、宽矩圆形或椭圆状卵形,花黄绿色,排成不对称的顶生,稀兼腋生的聚伞圆锥花序,浆果状核果近球形。花期 5~7 月,果期 8~10 月。

用途:食用,木材。

猫乳属 *Rhamnella*

623 猫乳 *Rhamnella franguloides* (Maxim.) Weberb.

习性:落叶灌木或小乔木,高 2~9 m,叶倒卵状矩圆形、倒卵状椭圆形、矩圆形,长椭圆形,花黄绿色,两性,6~18 个排成腋生聚伞花序,核果圆柱形。花期 5~7 月,果期 7~10 月。

用途:药用,工业。

勾儿茶属 *Berchemia*

624 黄背勾儿茶 *Berchemia flavescens* (Wall.) Brongn.

习性:藤状灌木,高 7~8 m,叶卵圆形、卵状椭圆形或矩圆形,花黄绿色,通常 1 至数个簇生,在侧枝顶端排成窄聚伞圆锥花序,核果近圆柱形。花期 6~8 月,果期翌年 5~7 月。

用途:药用。

625 多花勾儿茶 *Berchemia floribunda* (Wall.) Brongn.

习性:藤状或直立灌木,上部叶卵形或卵状椭圆形至与卵状披针形,下部叶椭圆形至矩圆形,花多数,通常数个簇生排成顶生宽聚伞圆锥花序,或下部兼腋生聚伞总状花序,核果圆柱状椭圆形。花期 7~10 月,果期翌年 4~7 月。

用途:药用。

626 勾儿茶 *Berchemia sinica* Schneid.

习性:藤状或攀缘灌木,高达 5 m,叶互生或在短枝顶端簇生,卵状椭圆形或卵状矩圆形,花黄色或淡绿色,单生或数个簇生,在侧枝项端排成具短分枝的窄聚伞状圆锥花序,核果圆柱形。花期 6~8 月,果期翌年 5~6 月。

用途:药用。

马甲子属 *Paliurus*

627 铜钱树 *Paliurus hemsleyanus* Rehd.

习性:乔木,高达 13 m,叶互生,宽椭圆形,卵状椭圆形或近圆形,花聚伞花序或聚伞圆锥花序,顶生或兼有腋生,核果草帽状。花期 4~6 月,果期 7~9 月。

用途:工业。

枣属 *Ziziphus*

628 枣 *Ziziphus jujuba* Mill.

习性:落叶小乔木,稀灌木,高达 10 余米,树皮褐色或灰褐色,叶卵形,卵状椭圆形,或卵状矩圆形,花黄绿色,两性,5 基数,单生或 2~8 个密集成腋生聚伞花序,核果矩圆形或长卵圆形,种子扁椭圆形。花期 5~7 月,果期 8~9 月。

用途:蜜源,食用,药用,工业。

629 酸枣 *Ziziphus jujuba* Mill. var. *spinosa* (Bunge) Hu ex H. F. Chow.

习性:常为灌木,叶较小,核果近球形或短长圆形。花期 6~7 月,果期 8~9 月。

用途:药用,蜜源,食用。

630 无刺枣 *Ziziphus jujuba* Mill. var. *inemmis* (Bunge) Rehd.

习性:落叶小乔木,稀灌木,叶长椭圆形状卵形,花黄绿色,成聚伞花序。核果长椭圆形。花期 5~7 月,果期 8~10 月。

用途:食用,药用,蜜源。

葡萄科(Vitaceae)

地锦属 *Parthenocissus*

631 地锦 *Parthenocissus tricuspidata* (Sieb. & Zucc.) Planch.

习性:木质藤本,茎基部常红色或淡红色,叶对生,矩圆形或椭圆形,花序单生于叶腋,总苞陀螺状,蒴果三棱状卵球形,种子三棱状卵球形。花期 5~8 月,果期 9~10 月。

用途:绿化,药用。

632 异叶地锦 *Parthenocissus dalzielii* Gagnep.

习性:木质藤本,卷须嫩时顶端膨大呈圆球形,两型叶,多歧聚伞花序常生于短枝顶端叶腋,果球形,成熟时紫黑色,有种子 1~4。花期 5~7 月,果期 7~11 月。

用途:绿化。

633　三叶地锦　*Parthenocissus semicordata*（Wall.）Planch.

习性：木质藤本，叶多为 3 小叶复叶，稀混有 3 裂单叶，花瓣卵状椭圆形；子房扁球形，果实近球形，径 6~8 mm，成熟时黑褐色，有种子 1~2。花期 5~7 月，果期 9~10 月。

用途：绿化。

634　五叶地锦　*Parthenocissus quinquefolia*（L.）Planch. *

习性：木质藤本，5 小叶掌状复叶，圆锥状多歧聚伞花序假顶生，果球形。花期 6~7 月，果期 8~10 月。

用途：绿化。

635　花叶地锦　*Parthenocissus henryana*（Hemsl.）Diels & Gilg *

习性：木质藤本，掌状复叶，小叶倒卵形、倒卵状长圆形或倒卵状披针形，圆锥状多歧聚伞花序假顶生，花序上常有退化较小的单叶。花期 5~7 月，果期 8~10 月。

用途：绿化。

636　绿叶地锦　*Parthenocissus laetevirens* Rehd.

习性：木质藤本，叶为掌状 5 小叶，多歧聚伞花序圆锥状，果实球形，种子倒卵形，花期 7~8 月，果期 9~11 月。

用途：绿化。

蛇葡萄属　*Ampelopsis*

637　蛇葡萄　*Ampelopsis sinica*（Mig.）W. T. Wang.

习性：木质藤本，卷须 2 叉分枝，相隔 2 节间断与叶对生，花序为复二歧聚伞花序，雄蕊 5，花药黄色，椭圆形，果实近球圆形，有种子 3~4 颗，种子倒卵椭圆形。花期 6~8 月，果期 9 月至翌年 1 月。

用途：药用。

638　东北蛇葡萄　*Ampelopsis glandulosa* var. *brevipedunculata*（Maximowicz）Momiyama

习性：叶片上面无毛，下面脉上被稀疏柔毛，边缘有粗钝或急尖锯齿。花期7~8月,果期9~10月。

用途:药用。

639 蓝果蛇葡萄 *Ampelopsis bodinieri*(Lévl. & Vant.) Rehd.

习性:木质藤本,花序为复二歧聚伞花序,果实近球圆形,有种子3~4颗,种子倒卵椭圆形,花期4~6月,果期7~8月。

用途:药用。

640 葎叶蛇葡萄 *Ampelopsis humulifolia* Bge.

习性:木质藤本,多歧聚伞花序与叶对生,种子倒卵圆形,顶端近圆形,种脐呈带状长卵形。花期5~7月,果期5~9月。

用途:药用。

641 白蔹 *Ampelopsis japonica*(Thunb.) Makino

习性:木质藤本,叶为掌状3~5小叶,小叶片羽状深裂或小叶边缘有深锯齿而不分裂,聚伞花序通常集生于花序梗顶端,种脐呈带状椭圆形。花期5~6月,果期7~9月。

用途:药用。

642 三裂蛇葡萄 *Ampelopsis delavayana* Planch.

习性:木质藤本,叶为3小叶,中央小叶披针形或椭圆披针形,多歧聚伞花序与叶对生,花瓣5,卵椭圆形,种脐在种子背面中部向上渐狭呈卵椭圆形。花期6~8月,果期9~11月。

用途:药用。

643 毛三裂蛇葡萄 *Ampelopsis delavayana* var. *setulosa* (Diels & Gilg) C. L. Li

习性:木质藤本,小枝,叶柄和花序密被锈色短柔毛。花期6~7月,果期9~11月。

用途:尚未引种。

644 乌头叶蛇葡萄 *Ampelopsis aconitifolia* Bge.

习性:木质藤本,叶为掌状5小叶,小叶3~5羽裂,披针形或菱状披针形,花序为疏散的伞房状复二歧聚伞花序,通常与叶对生或假顶生。花期5~6月,果期8~9月。

用途:药用。

葡萄属 *Vitis*

645 变叶葡萄 *Vitis piasezkii* Maxim.

习性:木藤本,3~5小叶复叶或兼有单叶,圆锥花序基部分枝发达,花瓣呈帽状粘合脱落,果实球形,种子倒卵圆形。花期6月,果期7~9月。

用途:食用。

646 刺葡萄 *Vitis davidii* (Roman. du Caill.) Föex.

习性:木质藤本,叶卵圆形或卵椭圆形,花杂性异株;圆锥花序,果实球形,成熟时紫红色,种子倒卵椭圆形。花期4~6月,果期7~10月。

用途:药用。

647 秋葡萄 *Vitis romanetii* Roman. du Caill. ex Planch.

习性:木质藤本,小枝有显著粗棱纹,叶卵圆形或阔卵圆形,花杂性异株,圆锥花序疏散,果实球形,种子倒卵形,顶端圆形,微凹,基部有短喙。花期4~6月,果期7~9月。

用途:食用,药用。

648 桑叶葡萄 *Vitis heyneana* Roem. et Schult. *subsp. ficifolia* (Bge.) C. L. Li

习性:木质藤本,叶片常有3浅裂至中裂并混生有不分裂叶者。花期5~7月,果期7~9月。

用途:尚未引种。

649 小叶葡萄 *Vitis sinocinerea* W. T. Wang

习性:木质藤本,小枝有纵棱纹,卷须与叶对生,叶卵圆形,托叶膜质,褐色,卵披针形,圆锥花序,雌蕊在雄花内退化,果实成熟时紫褐色,种子倒卵圆形。花期4~6月,果期7~10月。

用途:尚未引种。

650 毛葡萄 *Vitis heyneana* Roem. & Schult

习性:木质藤本,小枝被灰色或褐色蛛丝状茸毛,叶卵圆形、长卵椭圆形或卵状五角形,圆锥花序,果实圆球形,成熟时紫黑色,种子倒卵形,顶端圆形。花期4~6月,果期6~10月。

用途:食用。

651　葡萄　*Vitis vinifera* L. *

习性：木质藤本，卷须每隔2节间断与叶对生，叶卵圆形，圆锥花序密集或疏散，多花，与叶对生，果实球形或椭圆形，种子倒卵椭圆形，顶端近圆形。花期4~5月，果期8~9月。

用途：食用，酿酒，药用。

652　山葡萄　*Vitis amurensis* Rupr.

习性：木质藤本，卷须2~3分枝，每隔2节间断与叶对生，圆锥花序疏散，与叶对生，果实直径1~1.5 cm；种子倒卵圆形。花期5~6月，果期7~9月。

用途：食用，酿酒。

653　桦叶葡萄　*Vitis betulifolia* Diels & Gilg

习性：木质藤本，叶卵圆形或卵椭圆形，圆锥花序疏散，与叶对生，花蕾倒卵圆形，花药黄色，椭圆形，果实圆球形，成熟时紫黑色。花期3~6月，果期6~11月。

用途：药用。

654　网脉葡萄　*Vitis wilsoniae* Veitch

习性：木质藤本，叶心形或卵状椭圆形，花蕾倒卵椭圆形，花药黄色，卵椭圆形，花盘发达，果实圆球形。花期5~6月，果期6月至翌年1月。

用途：尚未引种。

655　华东葡萄　*Vitis pseudoreticulata* W. T. Wang

习性：木质藤本，叶卵圆形或肾状卵圆形，圆锥花序疏散，与叶对生，子房锥形，杂性异株，果实成熟时紫黑色，种子倒卵圆形。花期4~6月，果期6~10月。

用途：园林。

椴树科(Tiliaceae)

椴树属　*Tilia*

656　辽椴　*Tilia mandshurica* Rupr. et Maxim.

习性：乔木，树皮暗灰色；嫩枝被灰白色星状茸毛，顶芽有茸毛。叶卵圆形，长8~10 cm，宽7~9 cm，先端短尖，基部斜心形或截形，上面无毛。聚伞花序，果实球形。花期7月，果实9月成熟。

用途：蜜源。

657　毛糯米椴　*Tilia henryana* Szyszyl.

习性:乔木,顶芽、幼枝、叶下面、苞片、子房及果均被黄褐色星状毛;叶圆形,长 6~10 cm,先端宽圆,有短尾尖。聚伞花序,顶芽、幼枝、叶下面、苞片、子房及果均被黄褐色星状毛;果倒卵形。花期 6 月。

用途:观赏,蜜源,药用,饲料。

658　华椴　*Tilia chinensis* Maxim.

习性:乔木,高 15 m;幼枝及顶芽均无毛;叶宽卵形,长 5~10 cm,先端骤短尖,基部斜心形或平截。聚伞花序,花瓣长 7~8 mm;子房被灰黄色星状柔毛,果椭圆形。

用途:木材,食用。

659　南京椴　*Tilia miqueliana* Maxim.

习性: 乔木,高 20 m;幼枝及顶芽均被黄褐色星状柔毛;叶卵圆形,先端骤尖,基部心形,稍偏斜;下面被灰或灰黄色星状柔毛。聚伞花序长 6~8 cm,花梗被毛;果球形,无棱,被星状柔毛,有小突起。花期 7 月。

用途:观赏,木材,蜜源,药用。

660　蒙椴　*Tilia mongolica* Maxim.

习性:乔木,高 10 m,树皮淡灰色,有不规则薄片状脱落;叶阔卵形。聚伞花序长 5~8 cm,花瓣长 6~7 mm;退化雄蕊花瓣状,稍窄小;雄蕊与萼片等长;子房有毛,花柱秃净。果实倒卵形,被毛。花期 7 月。

用途:木材,观赏,药用。

661　大椴　*Tilia nobilis* Rehd. et Wils.

习性:乔木,高 12 m;叶阔卵状圆形,聚伞花序长 7~12 cm,有花 2~5 朵,无毛,花瓣长圆形,长 7~8 mm;退化雄蕊 5 枚,比花瓣稍短。果实椭圆状卵形,被毛,有 5 条突起的棱。花期 7~8 月。

用途:木材,药用。

662　少脉椴　*Tilia paucicostata* Maxim.

习性:乔木,叶薄革质,卵圆形,叶柄纤细,无毛。聚伞花序柄纤细,无毛;子房被星状茸毛,无毛。果实倒卵形。叶薄革质,卵圆形。

用途:木材。

663　红皮椴　*Tilia paucicostata* Maxim. var. *dictyoneura* (V. Engl.) H. T. Chang

习性:乔木,叶三角状卵形,长 3.5~5.5 cm,宽 2.5~4 mm,无毛,边缘有少数疏齿;苞片有柄,比花序短;果实小,卵形,长 5~6 mm,无棱。

用途:木材,药用,工业。

扁担杆属 *Grewia*

664 扁担杆 *Grewia biloba* G. Don

习性:灌木或小乔木,嫩枝被粗毛。叶薄革质,椭圆形或倒卵状椭圆形。聚伞花序腋生,多花;子房有毛,花柱与萼片平齐,柱头扩大,盘状,有浅裂。核果红色。花期 5~7 月。

用途:药用。

665 小花扁担杆 *Grewia biloba* var. *parviflora* (Bunge) Hand. -Mazz.

习性:灌木或小乔木,嫩枝被粗毛。叶薄革质,椭圆形或倒卵状椭圆形,先端锐尖。叶柄被粗毛;托叶钻形。聚伞花序腋生,多花;苞片钻形。花期 5~7 月。

用途:观赏,药用。

锦葵科(Malvaceae)

木槿属 *Hibiscus*

666 木芙蓉 *Hibiscus mutabilis* L. *

习性:落叶灌木或小乔木,叶宽卵形至圆卵形或心形,裂片三角形,上面疏被星状细毛和点,下面密被星状细茸毛;托叶披针形。花单生于枝端叶腋间,花梗近端具节;花瓣近圆形,外面被毛,蒴果扁球形,被淡黄色刚毛和绵毛。种子肾形,背面被长柔毛。花期 8~10 月。

用途:观赏,药用。

667 木槿 *Hibiscus syriacus* L. *

习性:落叶灌木,小枝密被黄色星状茸毛。叶菱形至三角状卵形,先端钝,花单生于枝端叶腋间,花梗被星状短茸毛;花萼钟形,密被星状短茸毛,三角形;花钟形,淡紫色,花瓣倒卵形;蒴果卵圆形,密被黄色星状茸毛;种子肾形,背部被黄白色长柔毛。花期 7~10 月。

用途:观赏,工业,药用。

668 朱槿 *Hibiscus rosa-sinensis* L. *

习性:常绿灌木,高 1~3 m;叶阔卵形或狭卵形,花单生于上部叶腋间,常下垂;萼钟形,长约 2 cm,被星状柔毛,裂片 5,卵形至披针形;玫瑰红色或淡红、淡黄等色,花瓣倒卵形,先端圆,外面疏被柔毛;蒴果卵形,长约 2.5 cm,平滑无毛,有喙。花期全年。

用途:观赏。

梧桐科(Sterculiaceae)

梧桐属 *Firmiana*

669 梧桐 *Firmiana platanifolia* (Linn. f.) Marsili

习性:落叶乔木,树皮青绿色,平滑。叶心形,裂片三角形,顶端渐尖,圆锥花序顶生,花淡黄绿色;雌花的子房圆球形,被毛。蓇葖果膜质,每蓇葖果有种子2~4个;种子圆球形,表面有皱纹。花期6月。

用途:观赏。

猕猴桃科(Actinidiaceae)

猕猴桃属 *Actinidia*

670 软枣猕猴桃 *Actinidia arguta* (Sieb. et Zucc.) Planch. ex Miq.

习性:落叶藤本,幼枝疏被毛,后脱落,皮孔不明显,髓心片层状,白至淡褐色。叶膜质,上面无毛,下面脉腋具白色髯毛,叶脉不明显。腋生聚伞花序,被淡褐色短茸毛。果黄绿色,具钝喙及宿存花柱,无毛,无斑点,基部无宿萼。

用途:食用,蜜源。

671 黑蕊猕猴桃 *Actinidia melanandra* Franch.

习性:中型落叶藤本。小枝无毛,皮孔不明显;髓心灰褐色,片层状。叶坚纸质,下面微被白粉,脉腋具簇毛,叶脉不明显。雄聚伞花序具3~5花,雌花单生,白色。果无毛,无斑点,具喙,无宿萼。花期5~6月上旬。

用途:观赏,食用,药用。

672 狗枣猕猴桃 *Actinidia kolomikta* (Maxim. et Rupr.) Maxim.

习性:大型落叶藤本。小枝紫褐色,皮孔较显著,髓心褐色,片层状。叶薄纸质,两侧不对称,边缘具锯齿。花白色或粉红色,芳香。果无毛,无斑点,成熟时淡橘黄色,具深色纵纹,无宿萼。花期5月下旬(四川)至7月初(东北),果熟期9~10月。

用途:园艺。

673　葛枣猕猴桃　*Actinidia polygama* (Sieb. et Zucc.) Maxim.

习性:大型落叶藤本。小枝近无毛,髓实心,白色。花白色。果卵球形或柱状卵球形,无毛,无斑点,具短喙,成熟时淡橘红色,具宿萼。花期6月中旬至7月上旬,果熟期9~10月。

用途:食用,药用。

674　中华猕猴桃　*Actinidia chinensis* Planch.

习性:大型落叶藤本。幼枝髓心白至淡褐色,片层状。叶纸质。聚伞花序。花瓣宽倒卵形,具短矩。果黄褐色,近球形,被灰白色茸毛,易脱落,具淡褐色斑点,宿萼反折。花期4月中旬至5月中下旬,南部较早,北部较晚。

用途:食用。

藤山柳属　*Clematoclethra*

675　猕猴桃藤山柳　*Clematoclethra actinidioides* Maxim.

习性:藤本。老枝无毛,小枝褐色。叶顶端渐尖,基部阔楔形、圆形或微心形,叶缘具纤毛状齿,腹面无毛,深绿色,背面粉绿色,叶干后腹面枯褐色。花白色,萼片倒卵形。果近球形,熟时紫红色或黑色。花期5~6月,果期7~8月。

用途:尚未引种。

676　刚毛藤山柳　*Clematoclethra lasioclada* Maxim.

习性:木质藤本。老枝黑褐色,无毛,小枝被淡褐色茸毛,易秃净。叶纸质,徒长枝上的叶为阔卵形,基部心形,腹面绿色。有花3朵,小苞片披针形,有茸毛,花白色,萼片倒卵形,被茸毛。花瓣卵形。果球形。花期6月,果期8月。

用途:绿化。

山茶科(Theaceae)

山茶属　*Camellia*

677　山茶　*Camellia japonica* L. *

习性:灌木或小乔木,高9 m,嫩枝无毛。叶革质,椭圆形。花顶生,红色,无柄。花瓣外面有毛,内侧5片基部连生约8 mm,倒卵圆形,无毛。蒴果圆球形。花期1~4月。

用途：观赏，药用，工业。

678 茶 *Camellia sinensis*（L.）O. Ktze. *

习性：小乔木或灌木状，嫩枝无毛。叶革质，长圆形或椭圆形。花1~3朵腋生，白色，苞片2片，早落，萼片阔卵形至圆形。花瓣阔卵形，基部略连合，背面无毛。蒴果3球形或1~2球形。花期10月至翌年2月，果期翌年10月。

用途：园艺。

紫茎属 *Stewartia*

679 紫茎 *Stewartia sinensis* Rehd. et Wils

习性：小乔木。树皮灰黄色，稍粗糙。幼枝无毛，或疏被毛。叶纸质。花单生，苞片长卵形，花瓣宽卵形。蒴果卵圆形，顶端尖。花期6月。

用途：园艺。

藤黄科(Clusiaceae)

金丝桃属 *Hypericum*

680 金丝桃 *Hypericum monogynum* L.

习性：灌木，花瓣金黄色至柠檬黄色，无红晕，开张，三角状倒卵形，蒴果宽卵珠形或稀为卵珠状圆锥形至近球形，长6~10 mm，宽4~7 mm。种子深红褐色，圆柱形，长约2 mm，有狭的龙骨状突起，有浅的线状网纹至线状蜂窝纹。花期5~8月，果期8~9月。

用途：观赏，药用。

681 金丝梅 *Hypericum patulum* Thunb. ex Murray *

习性：灌木，茎淡红至橙色，花序具1~15花，自茎顶端第1~2节生出，伞房状，花序具1~15花，自茎顶端第1~2节生出，伞房状，蒴果宽卵珠形，种子深褐色，多少呈圆柱形，长1~1.2 mm，无或几无龙骨状突起，有浅的线状蜂窝纹。花期6~7月，果期8~10月。

用途：药用，观赏。

柽柳科(Tamaricaceae)

柽柳属 *Tamarix*

682　柽柳　*Tamarix chinensis* Lour.

习性:乔木或灌木,老枝直立,暗褐红色,光亮,幼枝红紫色或暗紫红色,有光泽。花瓣粉红色,直而略外斜,每年开花两、三次。花期4~9月。

用途:木材,观赏,药用。

水柏枝属 *Myricaria*

683　三春水柏枝　*Myricaria paniculata* P. Y. Zhang et Y. J. Zhang

习性:灌木,老枝具条纹。叶腋常生绿色小枝,枝上着生稠密的小叶。季总状花序侧生于去年生枝上,基部被有多数覆瓦状排列的膜质鳞片,花淡紫红色。蒴果狭圆锥形。花序未开放时较密集,开花后疏散。种子狭长圆形,顶端具芒柱,芒柱一半以上被白色长柔毛。花期3~9月,果期5~10月。

用途:绿化。

684　宽苞水柏枝　*Myricaria bracteata* Royle

习性:灌木,老枝有光泽和条纹。叶密生于当年生绿色小枝上。总状花序顶生于当年生枝条上,密集呈穗状。花瓣具脉纹。蒴果狭圆锥形。种子狭长圆形或狭倒卵形,顶端芒柱一半以上被白色长柔毛。花期6~7月,果期8~9月。

用途:药用。

大风子科(Flacourtiaceae)

柞木属 *Xylosma*

685　柞木　*Xylosma racemosum*(Sieb. et Euc.)Miq.

习性:常绿大灌木或小乔木,花期春季,果期冬季幼枝弯曲,有短柔毛;叶椭圆形,近无毛,长4.5~12 cm,宽2~4 cm,两端渐尖,顶端尾状渐尖,基部楔形,干后红棕色;苞片披针形,长约5 mm,外面有毛,内面无毛,边缘有睫毛。花期6~7月,果期10~11月。

用途：木材，药用，观赏，蜜源。

山桐子属 *Idesia*

686 山桐子 *Idesia polycarpa* Maxim.

习性：落叶乔木，小枝有明显的皮孔，花单性，雌雄异株或杂性，黄绿色，有芳香，花瓣缺，排列成顶生下垂的圆锥花序，花序梗有疏柔毛，雄花比雌花稍大，浆果成熟期紫红色，扁圆形种子红棕色，圆形。花期 4~5 月，果熟期 10~11 月。

用途：木材，蜜源，观赏。

687 毛叶山桐子 *Idesia polycarpa var. vestita* Diels

习性：叶下面有密的柔毛，无白粉而为棕灰色，脉腋无丛毛；叶柄有短毛。花序梗及花梗有密毛。成熟果实长圆球形至圆球状，血红色，高过于宽。垂直分布比原变种高，通常海拔 900~2 000 m，海拔 900 m 以下难见到。花期 4~5 月，果期 10~11 月。

用途：木材，蜜源，观赏。

山拐枣属 *Poliothyrsis*

688 山拐枣 *Poliothyrsis sinensis* Oliv.

习性：落叶乔木，花单性，雌雄同序，雌花在 1/3 的上端，二至四回的圆锥花序，顶生，稀腋生在上面一两片叶腋，有淡灰色毛；萼片外面有浅灰色毛，内面有紫灰色毛；花瓣缺；雌花位于花序上端，比雄花稍大，蒴果长圆形，3 爿交错分裂，稀 2 片或 4 片分裂，外果皮革质，有灰色毡毛，内果皮木质；种子多数，周围有翅，扁平。花期夏初，果期 5~9 月。

用途：木材，蜜源。

旌节花科（Stachyuraceae）

旌节花属 *Stachyurus*

689 中国旌节花 *Stachyurus chinensis* Franch.

习性：落叶灌木，树皮光滑紫褐色或深褐色；小枝粗状，圆柱形，具淡色椭圆形皮孔。叶柄长 1~2 cm，通常暗紫色。穗状花序腋生，先叶开放，长 5~10 cm，无梗；花黄色，长约 7 mm，近无梗或有短梗。花期 3~4 月，果期 5~7 月。

用途：观赏，药用。

瑞香科(Thymelaeaceae)

荛花属 *Wikstroemia*

690 荛花 *Wikstroemia canescens*（Wall.）Meisn.

习性:灌木,高1.6~2 m,多分枝;叶互生,披针形。头状花序,花黄色。花药长约1.5 mm,花丝极短;子房棒状,果干燥。花期秋季。

用途:药用。

691 小黄构 *Wikstroemia micrantha* Hemsl.

习性:灌木,叶坚纸质,通常对生或近对生,长圆形,椭圆状长圆形或窄长圆形,总状花序单生,簇生或为顶生的小圆锥花序。花黄色,疏被柔毛,花萼近肉质,子房倒卵形,顶端被柔毛。果卵圆形,黑紫色。花果期秋冬。

用途:工业,药用。

瑞香属 *Daphne*

692 芫花 *Daphne genkwa* Sieb. et Zucc.

习性:落叶灌木,高0.3~1 m,树皮褐色,无毛;叶对生,稀互生,纸质,卵形或卵状披针形至椭圆状长圆形。花丝短,花药黄色,卵状椭圆形;花柱短或无,柱头头状,橘红色。果实肉质,白色,椭圆形。花期3~5月,果期6~7月。

用途:观赏,药用,工业。

693 瑞香 *Daphne odora* Thunb. *

习性:常绿直立灌木,叶互生,纸质,长卵形或长圆形。头状花序顶生,多花;苞片披针形或卵状披针形。花期3~5月,果期7~8月。

用途:观赏,药用。

694 唐古特瑞香 *Daphne tangutica* Maxim.

习性:常绿灌木,叶互生,革质或近革质,披针形、长圆状披针形或倒披针形。果卵形或近球形,成熟时红色。头状花序顶生,花柱短,柱头头状;果红色。花期4~5月,果期5~7月。

用途:观赏,工业。

结香属 *Edgeworthia*

695 结香 *Edgeworthia chrysantha* Lindl. *

习性:灌木,小枝粗壮,褐色,常作三叉分枝。叶痕大,直径约5 mm。头状花序顶生或侧生;花丝短,花药近卵形。子房卵形,顶端被丝状毛,花柱线形,无毛,柱头棒状,具乳突。果椭圆形,绿色,顶端被毛。花期冬末春初,果期春夏间。

用途:工业,药用,观赏。

胡颓子科(Elaeagnaceae)

胡颓子属 *Elaeagnus*

696 胡颓子 *Elaeagnus pungens* Thunb.

习性:常绿直立灌木,高达 4 m;叶革质,椭圆形或宽椭圆形;花白色,下垂,密被鳞片;果椭圆形,长 1.2~1.4 cm,幼时被褐色鳞片,熟时红色。花期 9~12 月,果期翌年 4~6 月。

用途:药用,食用,工业。

697 蔓胡颓子 *Elaeagnus glabra* Thunb.

习性:常绿蔓生或攀缘灌木,叶卵形或卵状椭圆形,花淡白色,常 3~7 花密生于叶腋短小枝上成伞形总状花序,果实矩圆形。花期 9~11 月,果期翌年 4~5 月。

用途:食用,药用,工业。

698 沙枣 *Elaeagnus angustifolia* Linn.

习性:落叶乔木或小乔木,高 5~10 m,叶矩圆状披针形至线状披针形,花银白色,常 1~3 花簇生新枝基部最初 5~6 片叶的叶腋,果实椭圆形。花期 5~6 月,果期 9 月。

用途:食用,工业,蜜源,木材,药用。

699 牛奶子 *Elaeagnus umbellata* Thunb.

习性:落叶直立灌木,高 1~4 m,叶椭圆形至卵状椭圆形或倒卵状披针形,花黄白色,1~7 花簇生新枝基部,果实几球形或卵圆形。花期 4~5 月,果期 7~8 月。

用途:食用,药用,观赏。

700 木半夏 *Elaeagnus multiflora* Thunb.

习性:落叶直立灌木,高 1~4 m,叶椭圆形至卵状椭圆形或倒卵状披针形,花黄白色,1~7 花簇生新枝基部,果实几球形或卵圆形。花期 4~5 月,果期 7~8 月。

用途:药用,食用。

沙棘属 *Hippophae*

701 中国沙棘 *Hippophae rhamnoides* subsp. *sinensis* Rousi*

习性:落叶灌木或乔木,高达 5~18 m;叶近对生,纸质,披针形或长圆状披针形;果球形,径 4~6 mm。花期 4~5 月,果期 9~10 月。

用途:工业,食用。

千屈菜科(Lythraceae)

紫薇属 *Lagerstroemia*

702 紫薇 *Lagerstroemia indica* L. *

习性:落叶灌木或小乔木,树皮平滑,灰色或灰褐色;枝干多扭曲,小枝纤细,具 4 棱,略成翅状。叶互生或有时对生,花淡红色或紫色、白色,直径 3~4 cm,常组成 7~20 cm 的顶生圆锥花序;蒴果椭圆状球形或阔椭圆形,长 1~1.3 cm,幼时绿色至黄色,成熟时或干燥时呈紫黑色,室背开裂;种子有翅,长约 8 mm。花期 6~9 月,果期 9~12 月。

用途:观赏,药用。

703 银薇 *Lagerstroemia indica* L. f. *alba* (Nichols.) Rehd. *

习性:紫薇的变型,落叶灌木或小乔木,树皮平滑,灰色或灰褐色,花淡红色或紫色。蒴果椭圆状球形或阔椭圆形,种子有翅。花期 6~9 月,果期 9~12 月。

用途:观赏。

704 南紫薇 *Lagerstroemia subcostata* Koehne*

习性:落叶乔木或灌木,树皮薄,灰白色或茶褐色,无毛或稍被短硬毛。叶膜质,矩圆形,矩圆状披针形,稀卵形,顶端渐尖,基部阔楔形。蒴果椭圆形;种子有翅。花期 6~8 月,果期 7~10 月。

用途:木材,药用。

705 云南紫薇 *Lagerstroemia intermedia* Koehne*

习性:大乔木,花瓣近菱形,紫色至蓝紫色;芽卵球形。叶近对生,纸质至薄革质,椭圆形或矩圆状椭圆形,稀椭圆状倒卵形,顶端短渐尖,基部近圆形,上面绿色,下面淡绿色,蒴果近球形。花期 5 月。

用途:园艺。

石榴科(Punicaceae)

石榴属 *Punica*

706 石榴 *Punica granatum* L.

习性:落叶灌木或乔木,枝顶常成尖锐长刺,幼枝具棱角,无毛,老枝近圆柱形。浆果近球形,直径 5~12 cm,通常为淡黄褐色或淡黄绿色,有时白色,稀暗紫色。种子多数。

用途:药用,工业,观赏。

蓝果树科(Nyssaceae)

喜树属 Camptotheca

707 喜树 *Camptotheca acuminata* Decne.(*)

习性:落叶乔木,高达 20 余米。树皮灰色或浅灰色,纵裂成浅沟状。冬芽腋生,锥状。叶互生,纸质。头状花序近球形。花杂性,同株。翅果矩圆形,两侧具窄翅,幼时绿色,干燥后黄褐色。花期 5~7 月,果期 9 月。

用途:园艺,药用。

珙桐属 *Davidia*

708 珙桐 *Davidia involucrata* Baill. *

习性:落叶乔木,树皮常裂成不规则的薄片而脱落。叶纸质,互生,无托叶,常密集于幼枝顶端。两性花与雄花同株。果实为长卵圆形核果,紫绿色具黄色斑点,外果皮薄,内果皮骨质具沟纹。花期 4 月,果期 10 月。

用途:观赏。

八角枫科(Alangiaceae)

八角枫属 *Alangium*

709 瓜木 *Alangium platanifolium* (Sieb. et Zucc.) Harms

习性:落叶灌木或小乔木。树皮平滑,小枝纤细,略呈“之”字形。叶纸质,近圆形,主脉由基部生出,常呈掌状,侧脉和主脉相交成锐角,均在叶上面显著。聚伞花序生叶腋。花瓣线形,紫红色。花期3~7月,果期7~9月。

用途:药用。

710 八角枫 *Alangium chinense*(Lour.) Harms

习性:落叶乔木或灌木,小枝略呈“之”字形,幼枝紫绿色。叶纸质,基部两侧常不对称,一侧微向下扩张,另一侧向上倾斜。叶上面深绿色,无毛,下面淡绿色。聚伞花序腋生。花瓣线形,上部开花后反卷,外面有微柔毛,初为白色,后变黄色。核果卵圆形,幼时绿色,成熟后黑色。花期5~7月和9~10月,果期7~11月。

用途:药用,木材,工业。

711 毛八角枫 *Alangium kurzii* Craib

习性:落叶小乔木,稀灌木。树皮深褐色,平滑,当年生枝紫绿色,有淡黄色茸毛和短柔毛,多年生枝深褐色,无毛,具稀疏的淡白色圆形皮孔。叶互生。聚伞花序。花瓣外面有淡黄色短柔毛,内面无毛,初白色,后变淡黄色。核果幼时紫褐色,成熟后黑色。花期5~6月,果期9月。

用途:工业。

五加科(Araliaceae)

八角金盘属 *Fatsia*

712 八角金盘 *Fatsia japonica*(Thunb.) Decne. et Planch. *

习性:常绿灌木或小乔木,高可达5 m;叶片大,革质,近圆形;圆锥花序顶生,果实近球形,直径5 mm,熟时黑色。花期10~11月,果熟期翌年4月。

用途:药用,绿化。

通脱木属 *Tetrapanax*

713 通脱木 *Tetrapanax papyrifer*（Hook.）K. Koch

习性:常绿灌木或小乔木,高1~3.5 m,叶大,集生茎顶;叶片纸质或薄革质,圆锥花序长50 cm或更长;果实,球形,紫黑色。花期10~12月,果期翌年1~2月。

用途:工业,药用。

刺楸属 *Kalopanax*

714 刺楸 *Kalopanax septemlobus*（Thunb.）Koidz.

习性:落叶乔木,高约10 m,最高可达30 m,胸径达70 cm以上,树皮暗灰棕色;叶片纸质,在长枝上互生,在短枝上簇生,圆形或近圆形;圆锥花序大;果实球形,直径约5 mm,蓝黑色。花期7~10月,果期9~12月。

用途:木材,药用,工业。

常春藤属 *Hedera*

715 常春藤 *Hedera nepalensis* K. Koch var. sinensis（Tobl.）Rehd.

习性:常绿攀援灌木,茎长3~20 m,灰棕色或黑棕色,有气生根;叶片革质,在不育枝上通常为三角状卵形或三角状长圆形,稀三角形或箭形,伞形花序单个顶生,果实球形,红色或黄色。花期9~11月,果期翌年3~5月。

用途:药用,观赏,工业。

716 洋常春藤 *Hedera helix* L. *

习性:常绿藤木,借气生根攀缘。叶小,密集,互生,革质,总状花序,或几个组成顶生短圆锥花序;果实球形。红色或黄色等。种子卵圆形;胚乳嚼烂状。

用途:绿化。

五加属 *Acanthopanax*

717　细柱五加　*Acanthopanax gracilistylus* W. W. Smith

习性:灌木,高 2~3 m;伞形花序单个稀 2 个腋生,或顶生在短枝上;花黄绿色;萼边缘近全缘或有 5 小齿;果实扁球形。花期 4~8 月,果期 6~10 月。

用途:药用,食用。

718　刺五加　*Acanthopanax senticosus* (Rupr. Maxim.) Harms

习性:灌木,高 1~6 m;小叶片纸质,椭圆状倒卵形或长圆形,伞形花序单个顶生,子房 5 室,花柱全部合生成柱状。果实球形或卵球形。花期 6~7 月,果期 8~10 月。

用途:药用,工业。

719　糙叶五加　*Acanthopanax henryi* (Oliv.) Harms

习性:灌木,高 1~3 m;小叶片纸质,椭圆形或卵状披针形,稀倒卵形,伞形花序数个组成短圆锥花序,子房 5 室,花柱全部合生成柱状。果实椭圆球形,黑色,花期 7~9 月,果期 9~10 月。

用途:药用。

720　藤五加　*Acanthopanax leucorrhizus* Oliver

习性:灌木,小叶片薄革质,边缘为整齐的单锯齿,下面脉腋有锈色簇毛,果实上宿存花柱长约 1.5 mm。花期 6~8 月,果期 8~10 月。

用途:药用。

楤木属 *Aralia*

721　楤木　*Aralia chinensis* L.

习性:灌木或乔木,高 1.5~6 m,叶为二回或三回羽状复叶,小叶片薄纸质或膜质,阔卵形、卵形至椭圆状卵形,子房 5 室;花柱 5,离生或基部合生。果实球形,黑色。花期 7~9 月,果期 9~12 月。

用途:药用。

山茱萸科(Cornaceae)

桃叶珊瑚属 *Aucuba*

722 青木 *Aucuba japonica* Thunb. *

习性:常绿灌木,高达 3 m。叶革质,先端渐尖,基部近圆。圆锥花序顶生。花瓣近于卵形或卵状披针形,暗紫色。果卵圆形,暗紫色或黑色。花期 3~4 月,果期至翌年 4 月。

用途:木材。

青荚叶属 *Helwingia*

723 青荚叶 *Helwingia japonica* (Thunb.) Dietr.

习性:落叶灌木,高 1~2 m,幼枝绿色,无毛,叶痕显著。叶纸质,卵形、卵圆形,稀椭圆形,子房卵圆形或球形;浆果幼时绿色,成熟后黑色。花期 4~5 月,果期 8~9 月。

用途:药用。

724 中华青荚叶 *Helwingia chinensis* Batal.

习性:常绿灌木,高 1~2 m;叶革质、近于革质,稀厚纸质,线状披针形或披针形,子房卵圆形,果实具分核 3~5 枚,长圆形,幼时绿色,成熟后黑色。花期 4~5 月,果期 8~10 月。

用途:药用。

灯台树属 *Bothrocaryum*

725 灯台树 *Bothrocaryum controversum* (Hemsl.) Pojark.

习性:落叶乔木。树皮光滑,暗灰色或带黄灰色。枝开展,圆柱形,二年生枝淡绿色,有半月形的叶痕和圆形皮孔。叶互生,纸质。花小,白色,花瓣长圆披针形。核果球形。核骨质,球形,顶端有一个方形孔穴。花期 5~6 月,果期 7~8 月。

用途:工业,观赏,园艺。

梾木属 *Swida*

726 红瑞木 *Swida alba* Linnaeus

习性:灌木,高达 3 m。树皮紫红色,幼枝有淡白色短柔毛,后即秃净而被蜡状白粉,老枝红白色。叶对生,椭圆形,上面暗绿色,上面暗绿色。伞房状聚伞花序顶生,被白色短柔毛。花小,白色或淡黄白色。核果长圆形,微扁,成熟时乳白色或蓝白色。核棱形,侧扁,两端稍尖呈喙状。花期 6~7 月,果期 8~10 月。

用途:工业,观赏。

727 沙梾 *Swida bretschneideri*(L. Henry) Sojak

习性:灌木或小乔木。树皮紫红色。幼枝圆柱形,带红色,老枝淡黄色,无毛,有淡白色椭圆形皮孔。叶对生,上面绿色,有短柔毛,下面灰白色。花小,白色。核果蓝黑色至黑色,近于球形。核骨质,卵状扁圆球形。花期 6~7 月,果期 8~9 月。

用途:园艺。

728 灰叶梾木 Swida poliophylla (Schneid. et Wanger.) Sojak

习性:落叶灌木或小乔木。树皮浅褐色。幼枝略有棱角,紫红绿色,密被短柔毛,老枝蔗红色,无毛,有微凸椭圆形皮孔。叶对生。顶生伞房状聚伞花序微凸。花白色。核果球形,成熟时黑色,微被贴生短柔毛。核骨质。花期 6 月,果期 10 月。

用途:园艺。

729 小梾木 Swida paucinervis (Hance) Sojak

习性:落叶灌木。树皮灰黑色,光滑;幼枝对生,绿色或带紫红色,略具 4 棱,被灰色短柔毛,老枝褐色,无毛。叶对生,上面深绿色,散生平贴短柔毛,下面淡绿色。伞房状聚伞花序顶生。花小,白色至淡黄白色。核果圆球形。成熟时黑色,核近于球形,骨质。花期 6~7 月,果期 10~11 月。

用途:木材,药用,工业。

730 梾木 *Swida macrophylla* (Wall.) Sojǻk

习性:乔木。树皮黑灰色,纵裂。幼枝绿色,有棱角,老枝灰褐色,有黄白色圆形皮孔。叶对生,上面暗绿色,下面微带白色。伞房状聚伞花序顶生。花小,白色。核果近于球形,黑色。核扁圆形,骨质,略有8条不完整的浅肋纹。花期6~7月;果期8~9月。

用途:园艺。

731　毛梾　*Swida walteri* (Wanger.) Sojak

习性:落叶乔木。树皮厚,黑褐色,纵裂而又横裂成块状。叶对生,上面深绿色,下面淡绿色。伞房状聚伞花序顶生,花密。花白色,有香味。核果球形,成熟时黑色,近于无毛。核骨质,扁圆球形。花期5月,果期9月。

用途:木材,食用,观赏,工业,园林。

732　山茱萸　*Cornus officinalis* Sieb. et Zucc.

习性:落叶乔木或灌木。树皮灰褐色。小枝细圆柱形。叶对生,上面绿色,无毛,下面浅绿色,稀被白色贴生短柔毛,脉腋密生淡褐色丛毛。伞形花序生于枝侧,有总苞片4,卵形,厚纸质至革质。花小,两性,先叶开放。核果长椭圆形。核骨质,狭椭圆形。花期3~4月,果期9~10月。

用途:药用。

733　川鄂山茱萸　*Cornus chinensis* Wanger.

习性:落叶乔木。树皮黑褐色。枝对生,幼时紫红色,密被贴生灰色短柔毛,老时褐色,无毛。叶对生,上面绿色,近于无毛,下面淡绿色。伞形花序侧生,有总苞片4。花两性,先于叶开放,有香味,花瓣披针形,黄色。核果长椭圆形。核骨质,长椭圆形。花期4月,果期9月。

用途:药用。

四照花属　*Dendrobenthamia*

734　四照花　*Dendrobenthamia japonica* (DC.) Fang var. *chinensis* (Osborn.) Fang

习性:落叶小乔木,高5~9 m。单叶对生,厚纸质,叶端渐尖,叶基圆形或广楔形,脉腋具黄褐色毛或白色毛。头状花序近球形。果球形,紫红色。总果柄纤细。花期5~6月,果期8~10月。

用途:食用。

杜鹃花科(Ericaceae)

杜鹃属 *Rhododendron*

735 照山白 *Rhododendron micranthum* Turcz.

习性:常绿灌木,高达2 m。枝条较细瘦。叶近革质,上面深绿色,被疏鳞片,下面黄绿色,密被棕色、多少重叠的鳞片。花序顶生,短总状。蒴果长圆形。花期5~6月,果期8~11月。

用途:药用,观赏。

736 秀雅杜鹃 *Rhododendron concinnum* Hemsle.

习性:灌木,幼枝被鳞片。叶上面被鳞片,下面粉绿或褐色,密被鳞片,鳞片扁平,有明显的边缘。花序顶生,伞状,花梗密被鳞片,花冠内有褐色斑点,宽漏斗状,花丝密被鳞片。蒴果长圆形。花期4~6月,果期9~10月。

用途:观赏。

737 河南杜鹃 *Rhododendron henanense* Fang

习性:灌木。小枝粗壮,光滑无毛。叶密生于枝端,革质,上面深绿色,下面淡黄绿色,两面无毛。总状伞形花序。蒴果圆柱状。花期5月。

用途:观赏。

738 太白杜鹃 *Rhododendron. taibaiense* Ching et H. P. Yang

习性:常绿灌木或小乔木。老枝粗壮,芽鳞多少宿存。叶革质,先端钝圆,具突尖头,基部楔形,边缘反卷,上面暗绿色,具光泽,无毛,微皱,下面淡绿色,无毛。顶生总状伞形花序。蒴果圆柱形。微弯花期5~6月,果期7~9月。

用途:观赏。

739 满山红 *Rhododendron mariesii* Hemsl. et Wils.

习性:落叶灌木,高1~4 m;枝轮生,幼时被淡黄棕色柔毛,成长时无毛。叶厚纸质或近于革质,常2~3集生枝顶,椭圆形,卵状披针形或三角状卵形;高1~4 m;枝轮生,幼时被淡黄棕色柔毛,成长时无毛。叶厚纸质或近于革质,常2~3集生枝顶,椭圆形,卵状披针形或三角状卵形;花通常2朵顶生,先花后叶,花冠漏斗形,淡紫红色或紫红色;蒴果椭圆状卵球形。花期4~5月,果期6~11月。

用途:观赏。

740　杜鹃　*Rhododendron simsii* Planch.

习性:落叶灌木,高达 4 m。小枝轮生,初被黄棕色柔毛,后无毛。叶常 3 枚集生枝顶,幼时两面被黄棕色长柔毛,后近无毛。花常 2 朵顶生,先花后叶。蒴果卵状椭圆形。花期 4~5 月,果期 6~8 月。

用途:药用,观赏。

越桔属　*Vaccinium*

741　越桔　Vaccinium *vitisidaea* Linn. *

习性:常绿矮小灌木,地下部分有细长匍匐的根状茎。茎纤细,直立或下部平卧。叶密生,叶片革质,顶端圆,基部宽楔形,边缘反卷。花序短总状,生于去年生枝顶。浆果球形,紫红色。花期 6~7 月,果期 8~9 月。

用途:食用。

紫金牛科(Myrsinaceae)

铁仔属　*Myrsine*

742　铁仔　*Myrsine africana* L.

习性:灌木。小枝圆柱形,叶柄下延处多少具棱角,幼枝被锈色微柔毛。花簇生或近伞形花序,腋生。果球形,红色变紫黑色,光亮。花期 2~3 月,有时 5~6 月,果期 10~11 月,有时 2 月或 6 月。

用途:药用。

柿科(Ebenaceae)

柿属　*Diospyros*

743　瓶兰花　*Diospyros armata* Hemsl. *

习性:半常绿或落叶乔木。树冠近球形。叶上面黑绿色,有光泽,下面有微小柔毛。花乳白色,花冠甕形,芳香。果近球形,黄色,有伏粗毛。花期 5 月,果期 10 月。

用途:观赏。

744　柿　*Diospyros kaki* Thunb.

习性:落叶大乔木。枝冬芽卵圆形,先端钝。花雌雄异株,聚伞花序腋生。果基部通常有棱,嫩时绿色,后变黄色。种子褐色。花期 5~6 月,果期 9~10 月。

用途:药用。

745　油柿　*Diospyros oleifera* Cheng

习性:落叶乔木。高达 14 m。树皮成薄片状剥落,内皮白色。叶纸质,边缘稍背卷,无毛。花雌雄异株或杂性,雄聚伞花序生于当年生枝下部,腋生。果成熟时暗黄色,有易脱落的软毛。种子近长圆形,棕色,侧扁。花期 4~5 月,果期 8~10 月。

用途:食用。

746　野柿　*Diospyros kaki* Thunb.　var.　*silvestris Makino*

习性:落叶大乔木。小枝及叶柄常密被黄褐色柔毛,叶较柿树的叶小,叶片下面的毛较多,花较小,果亦较小,直径 2~5 cm。

用途:食用,工业,木材。

747　君迁子　*Diospyros lotus* L.

习性:落叶乔木。本种冬芽先端尖。叶椭圆形至长椭圆形,侧脉每边 7~10 条。果几无柄,近球形,直径 1~2 cm,初熟时黄色,渐变蓝黑色,常被白色薄蜡层,宿存萼裂片 4,先端钝圆。花期 5~6 月,果期 10~11 月。

用途:药用,食用,木材。

748　山柿　*Diospyros montana* Roxb.

习性:乔木,高达 12 m。树皮带灰色,后变褐色,树干和老枝常散生分枝的刺。叶近纸质或薄革质,形状变异多,两面多少被毛。雄花小,生聚伞花序上,雌花单生。

用途:工业。

山矾科(Symplocaceae)

山矾属 *Symplocos*

749　白檀　*Symplocos paniculata*（Thunb.）Miq.

习性:落叶灌木或小乔木。嫩枝有灰白色柔毛,老枝无毛。叶膜质或薄纸质,边缘有细尖锯齿,叶面无毛或有柔毛。圆锥花序,有柔毛。核果熟时蓝色,卵状球形,稍偏斜。

用途:药用。

750　山矾　*Symplocos sumuntia* Buch.-Ham. ex D. Don

习性:乔木。嫩枝褐色。叶薄革质。总状花序,苞片早落,宽卵形或倒卵形。核果卵状坛形,外果皮薄而脆,宿萼裂片直立,有时脱落。花期2~3月,果期6~7月。

用途:药用。

安息香科(Styracaceae)

安息香属 *Styrax*

751　玉铃花　*Styrax obassia* Sieb. et Zucc

习性:乔木或灌木,高14 m。树皮灰褐色,嫩枝略扁。叶片纸质,互生,边缘具粗锯齿。花白色或粉红色,芳香。总状花序顶生或腋生。果实卵形或近卵形,种子长圆形。花期5~7月,果期8~9月。

用途:观赏,木材,工业。

752　野茉莉　*Styrax japonicus* Sieb. et Zucc.

习性:灌木或小乔木。叶互生,纸质或近革质。总状花序顶生。花白色,花萼漏斗状,膜质,萼齿短,花丝。果卵形,顶端具短尖头。果卵形,顶端具短尖头。扁平花期4~7月,果期9~11月。

用途:观赏,木材。

753　老鸹铃　*Styrax hemsleyanus* Diels

习性:乔木。叶纸质,生于小枝基部,2 叶近对生。总状花序。花白色,花丝扁平,分离部分被星状毛。果球形或卵形,顶端具短尖头,稍具皱纹。花期 5~6 月,果期 7~9 月。

用途:观赏。

754　灰叶安息香　*Styrax calvescens* Perk.

习性:灌木或小乔木,高达 15 m。叶互生,近革质,上面疏被星状柔毛或无毛,下面密被灰色星状茸毛和星状柔毛。总状或圆锥花序。花白色,花丝分离部分下部被星状长柔毛。果倒卵形,长约 8 mm,顶端具短尖头。花期 5~6 月,果期 7~8 月。

用途:工业。

755　垂珠花　*Styrax dasyanthus* Perk.

习性:乔木,高达 10 m。叶互生,先端骤短尖,尖头稍弯,基部楔形,中上部具细齿。圆锥花序或总状花序。花白色。果卵形或球形,顶端具短尖头。花期 3~5 月,果期 9~12 月。

用途:药用,工业。

秤锤树属　*Sinojackia*

756　秤锤树　*Sinojackia xylocarpa* Hu*

习性:乔木,高达 7 m。叶纸质,先端尖,基部宽楔形,具锯齿。果卵形,红褐色,具皮孔,无毛,喙圆锥状。种子长圆状线形,栗褐色。花期 3~4 月,果期 7~9 月。

用途:观赏。

木犀科(Oleaceae)

雪柳属　*Fontanesia*

757　雪柳　*Fontanesia phillyreoides* subsp. *fortunei* (Carriere) Yaltirik

习性:落叶灌木或小乔木,高达 8 m。树皮灰褐色。枝灰白色,圆柱形,小枝淡黄色或淡绿色,四棱形或具棱角,无毛。叶片纸质,先端锐尖至渐尖,基部楔形,全缘,两面无毛。圆锥花序顶生或腋生。果黄棕色,扁平,先端微凹,边缘具窄翅。种子具三棱。花期4~6月,果期6~10月。
用途:食用。

梣属 *Fraxinus*

758 秦岭梣 *Fraxinus paxiana* Lingelsh.

习性:落叶大乔木,高达20 m,胸径达1 m。小叶7~9枚,硬纸质,卵状长圆形。雄花具雄蕊2枚,两性花雄蕊较长。翅果线状匙形,坚果圆柱形,脉棱细直。花期5~7月,果期9月。

用途:药用。

759 花曲柳 *Fraxinus chinensis* subsp. *rhynchophylla* (Hance) E. Murray

习性:落叶大乔木,高12~15 m,羽状复叶,小叶5~7枚,革质,阔卵形、倒卵形或卵状披针形。两性花具雄蕊2枚。翅果线形,坚果长约1 cm,略隆起。花期4~5月,果期9~10月。

用途:观赏,木材。

760 宿柱梣 *Fraxinus stylosa* Lingelsh.

习性:落叶小乔木,高约8 m,树皮灰褐色,圆锥花序顶生或腋生当年生枝梢,雌花未见。翅果倒披针状,坚果隆起。花期5月,果期9月。

用途:药用。

761 白蜡树 *Fraxinus chinensis* Roxb.

习性:落叶乔木,高10~12 m。小叶5~7枚,硬纸质,卵形、倒卵状长圆形至披针形。圆锥花序顶生或腋生枝梢,花雌雄异株。翅果匙形,坚果圆柱形。花期4~5月,果期7~9月。

用途:药用。

762 美国白梣 *Fraxinus americana* L. *

习性:落叶乔木,高达20余米,小枝暗灰色,幼时暗绿或淡棕色,光滑,有皮孔。圆锥花序生于去年无叶的侧枝上。翅果长3~4 cm,果实长圆筒形。花期4~5月,果期7~9月。

用途:观赏,木材。

763　绿梣　*Fraxinus pennsylvanica* var. *subintegerrima* (Vahl) Fern. *

习性：落叶乔木，稀灌木。叶对生，奇数羽状复叶。花小，单性、两性或杂性，雌雄同株或异株。果为含1枚或偶有2枚种子的坚果，单翅果。种子卵状长圆形。花期4月，果熟期9月。

用途：绿化，观赏。

764　水曲柳　*Fraxinus mandshurica* Rupr.

习性：落叶大乔木，高达30 m以上，树皮厚，灰褐色。花序梗与分枝具窄翅状锐棱，雄花与两性花异株。翅果大而扁。花期4月，果期8~9月。

用途：木材。

765　光蜡树　*Fraxinus griffithii* C. B. Clarke

习性：半落叶乔木，高10~20 m；树皮灰白色，羽状复叶；两性花的花冠裂片与雄蕊等长，翅果阔披针状匙形，坚果圆柱形；花期5~7月，果期7~11月。

用途：木材，药用。

766　湖北梣　*Fraxinus hupehensis* Ch'u, Shang, et Su

习性：落叶大乔木，高达19 m，胸径达1.5 m；树皮深灰色；营养枝。羽状复叶；花杂性，两性花花萼钟状，雄蕊2。翅果匙形。花期2~3月，果期9月。

用途：木材。

连翘属　*Forsythia*

767　连翘　*Forsythia suspensa* (Thunb.) Vahl

习性：落叶灌木。小枝土黄色或灰褐色，略呈四棱形，疏生皮孔，节间中空，节部具实心髓。叶通常为单叶。花通常单生或2至数朵着生于叶腋，先于叶开放。果先端喙状渐尖，表面疏生皮孔。花期3~4月，果期7~9月。

用途：药用。

768　秦连翘　*Forsythia giraldiana* Lingelsheim

习性：落叶灌木，高达3 m。小枝无毛，具片状髓。单叶，近革质。花常单生或2~3朵生于叶腋。果卵圆形或披针状卵圆形，先端喙状短渐尖或渐尖，或锐尖,皮孔不明显或疏生皮孔,开裂时反折。花期 3~5 月,果期 6~10 月。

用途:药用,食用,观赏。

769 金钟花 *Forsythia viridissima* Lindl. *

习性:落叶灌木。全株除花萼裂片边缘具睫毛外,余无毛。小枝具片状髓。单叶,先端锐尖,基部楔形,两面无毛。花 1~3(4)朵生于叶腋,先叶开花。果先端喙状渐尖,具皮孔。花期 3~4 月,果期 8~11 月。

用途:药用。

丁香属 *Syringa*

770 暴马丁香 *Syringa reticulata* subsp. *amurensis* (Ruprecht) P. S. Green & M. C. Chang

习性:落叶小乔木或大乔木。树皮紫灰褐色,具细裂纹。枝灰褐色,无毛,当年生枝绿色或略带紫晕,无毛,疏生皮孔,二年生枝棕褐色,光亮,无毛,具较密皮孔。叶片厚纸质。圆锥花序由 1 到多对着生于同一枝条上的侧芽抽生。果长椭圆形。花期 6~7 月,果期 8~10 月。

用途:药用,蜜源。

771 欧丁香 *Syringa vulgaris* L. *

习性:灌木或小乔木。叶先端渐尖,基部平截、宽楔形或心形。小枝、叶柄、叶两面、花序轴、花梗和花萼均无毛,或具腺毛,老时脱落。果先端渐尖或骤凸,光滑,无皮孔。花期 4~5 月,果期 6~7 月。

用途:观赏。

772 巧玲花 *Syringa pubescens* Turcz.

习性:灌木。小枝四棱形,无毛,疏生皮孔。叶卵形,上面无毛,下面被短柔毛或无毛。圆锥花序直立,由侧芽抽生。果长椭圆形,先端锐尖或具小尖头,或渐尖,皮孔明显。花期 5~6 月,果期 6~8 月。

用途:园林绿化。

773　小叶巧玲花　*Syringa pubescens* subsp. *microphylla* (Diels) M. C. Chang & X. L. Chen

习性:其小枝、花序轴近圆柱形,连同花梗、花萼呈紫色,被微柔毛或短柔毛,稀密被短柔毛或近无毛。花冠紫红色,盛开时外面呈淡紫红色,内带白色,花冠管近圆柱形,花药紫色或紫黑色。每年开花两次,第一次春季,第二次8~9月,故称四季丁香。花期5~6月,果期7~9月。

用途:观赏,药用。

774　紫丁香　*Syringa oblata* Lindl.

习性:灌木或小乔木。小枝、花序轴、花梗、苞片、花萼、幼叶两面及叶柄均密被腺毛。叶革质或厚纸质。圆锥花序直立,由侧芽抽生。果卵圆形或长椭圆形,顶端长渐尖,几无皮孔。花期4~5月,果期6~10月。

用途:食用,工业。

775　羽叶丁香　*Syringa pinnatifolia* Hemsley*

习性:直立灌木。树皮呈片状剥裂。枝灰棕褐色,与小枝常呈四棱形,无毛,疏生皮孔。羽状复叶,叶轴有时具狭翅,无毛。圆锥花序由侧芽抽生,稍下垂。果长圆形,先端凸尖或渐尖,光滑。花期5~6月,果期8~9月。

用途:药用。

木犀属　*Osmanthus*

776　木犀　*Osmanthus fragrans* (Thunb.) Lour.

习性:常绿乔木或灌木,高可达7 m,树皮灰白色。叶对生;花簇生于叶腋,雌雄异株,具细弱花梗;核果长椭圆形,含种子1枚。花期9~10月上旬,果期翌年3月。

用途:食用,药用,园林。

777　柊树　*Osmanthus heterophyllus* (G. Don) P. S. Green*

习性:常绿灌木或小乔木,高2~8 m;树皮光滑,灰白色;花序簇生于叶腋,果卵圆形,长约1.5 cm,径约1 cm,呈暗紫色。花期11~12月,果期翌年5~6月。

用途:食用,木材,观赏。

流苏树属 *Chionanthus*

778 流苏树 *Chionanthus retusus* Lindl. et Paxt.

习性:落叶灌木或乔木,高可达 20 m。小枝灰褐色或黑灰色;聚伞状圆锥花序。果椭圆形,被白粉,呈蓝黑色或黑色。花期 3~6 月,果期 6~11 月。

用途:食用,工业。

女贞属 *Ligustrum*

779 女贞 Ligustrum *lucidum* Ait.

习性:灌木或乔木,高达 25 m。叶先端尖或渐尖,基部近圆,叶缘平,两面无毛。圆锥花序顶生,塔形。果肾形,多少弯曲,成熟时蓝黑或红黑色,被白粉。花期 5~7 月,果期 7 月至翌年 5 月。

用途:药用,食用,观赏,工业。

780 日本女贞 *Ligustrum japonicum* Thunb. *

习性:大型常绿灌木,高达 5 m,全株无毛。叶厚革质,先端尖或渐尖,基部楔形或圆。圆锥花序顶生,塔形,花序轴和分枝轴具棱。果长圆形或椭圆形,直立,成熟时紫黑色,被白粉。花期 6 月,果期 11 月。

用途:药用,观赏。

781 小蜡 *Ligustrum sinense* Lour.

习性:落叶灌木或小乔木。幼枝被黄色柔毛,老时近无毛。叶纸质或薄革质。花序塔形,花序轴被较密黄色柔毛或近无毛,基部有叶。果近球形。花期 3~6 月,果期 9~12 月。

用途:药用,食用,工业。

782 小叶女贞 Ligustrum *quihoui* Carr.

习性:半常绿灌木,高达 3 m。小枝圆,密被微柔毛,后脱落。叶薄革质,两面无毛。圆锥花序顶生,紧缩,近圆柱形,小苞片卵形,具睫毛。果成熟时黑紫色。花期 5~7 月,果期 8~11 月。

用途:药用。

783　蜡子树　Ligustrum *leucanthum*(S. Moore) P. S. Green

习性:落叶灌木或小乔木。小枝常开展,被硬毛、柔毛或无毛。叶先端尖、短渐尖或钝,基部楔形或近圆。果近球形或宽长圆形,成熟时蓝黑色。花期6~7月,果期8~11月。

用途:药用,观赏,工业。

784　水蜡树　*Ligustrum obtusifolium* Sieb. et Zucc.

习性:落叶多分枝灌木,高2~3 m,树皮暗灰色,叶片纸质,圆锥花序着生于小枝顶端,果近球形或宽椭圆形。花期5~6月,果期8~10月。

用途:园林。

785　卵叶女贞　*Ligustrum ovalifolium* Hassk. *

习性:半常绿灌木,叶片近革质,倒卵形、卵形或近圆形,花序轴具棱,无毛或被微柔毛,雄蕊与花冠裂片近等长,果近球形或宽椭圆形,呈紫黑色。花期6~7月,果期11~12月。

用途:观赏。

素馨属　*Jasminum*

786　探春花　*Jasminum floridum* Bunge*

习性:直立或攀缘灌木,高达3 m。小叶扭曲,4棱,无毛。聚伞花序顶生。果长圆形或球形,成熟时黑色。花期5~9月,果期9~10月。

用途:药用,观赏。

787　迎春花　*Jasminum nudiflorum* Lindl.

习性:落叶灌木。枝条下垂,小枝无毛,棱上多少具窄翼。叶对生,三出复叶,小枝基部常具单叶,叶柄无毛,具窄翼。花单生于去年生小枝叶腋。果椭圆形。花期6月。

用途:药用,观赏。

马钱科(Loganiaceae)

蓬莱葛属 *Gardneria*

788 蓬莱葛 *Gardneria multiflora* Makino

习性:木质藤本,长达 8 m。枝条无毛,叶痕明显。叶纸质或薄革质,上面平,网脉明显。二至三歧聚伞花序腋生。浆果球形,红色。种子球形,黑色。花期 3~7 月,果期 7~11 月。

用途:药用。

醉鱼草属 *Buddleja*

789 醉鱼草 *Buddleja lindleyana* Fort.

习性:直立灌木,高达 3 m。小枝 4 棱,具窄翅。叶对生,膜质。穗状聚伞花序顶生。花紫色,芳香。蒴果长圆形或椭圆形,无毛,被鳞片,花萼宿存。种子小,淡褐色,无翅。花期 4~10 月,果期 8 月至翌年 4 月。

用途:药用,观赏。

790 巴东醉鱼草 *Buddleja albiflora* Hemsl.

习性:灌木,高达 3 m。小枝、叶柄、花萼及花冠幼时均被星状毛及腺毛,后脱落无毛。叶对生,纸质,上面近无毛,下面被灰白或淡黄色星状短茸毛。圆锥聚伞花序顶生。蒴果长圆形,无毛。种子褐色,无毛。花期 2~9 月,果期 8~12 月。

用途:观赏。

791 密蒙花 *Buddleja officinalis* Maxim.

习性: 灌木,高达 4 m。小枝稍 4 棱,密被灰白色星状毛。叶对生,纸质。花密集成圆锥状聚伞花序。蒴果椭圆形,2 瓣裂,被星状毛,花被宿存。种子两端具翅。花期 3~4 月,果期 5~8 月。

用途:药用,工业。

夹竹桃科(Apocynaceae)

夹竹桃属　*Nerium*

792　夹竹桃　*Nerium oleander* L. *

习性:大灌木,高达 6 m,具水液。叶 3 片轮生,稀对生,革质,先端渐尖或尖,基部楔形或下延。聚伞花序组成伞房状顶生。花芳香。蓇荚果 2,离生,圆柱形。花期春,夏,秋,果期冬,春。

用途:药用,观赏。

络石属　*Trachelospermum*

793　络石　*Trachelospermum jasminoides* (Lindl.) Lem.

习性:常绿木质藤本,长达 10 m。小枝被短柔毛,老时无毛。叶革质,无毛或下面疏被短柔毛。聚伞花序圆锥状,顶生及腋生。膏葖果线状披针形。种子长圆形,顶端具白色绢毛。花期 3~7 月,果期 7~12 月。

用途:药用,工业。

杠柳属　*Periploca*

794　杠柳　*Periploca sepium* Bunge

习性:落叶蔓性灌木,长达 4 m。主根圆柱形,灰褐色,内皮淡黄色。茎灰褐色。小枝常对生,具纵纹及皮孔。叶膜质。聚伞花序腋生,常成对。膏葖果 2,圆柱形,顶端常相连。种子窄长圆形。花期 5~6 月,果期 7~9 月。

用途:药用。

795　青蛇藤　*Periploca calophylla* (Wight) Falc.

习性:藤状灌木。除花外,全株无毛。幼枝灰白色,老枝黄褐色,密被皮孔。叶近革质,先端渐尖,基部摸形。膏葖果 2,长箸状。种子窄长圆形。花期 4~5 月,果期 8~9 月。

用途:药用,工业。

鹅茸藤属　*Cynanchum*

796　朱砂藤　*Cynanchum officinale*（Hemsl.）Tsiang et Tsiang et Zhang

习性:藤状灌木。叶对生,薄纸质,向端部渐尖,基部耳形。聚伞花序腋生,花冠淡绿色或白色,副花冠肉质,深5裂,柱头顶端2裂。蓇葖通常仅1枚发育,向端部渐尖,基部狭楔形,种子长圆状卵形,顶端略呈截形,种毛白色绢质。花期5~8月,果期7~10月。

用途:药用。

紫草科(Boraginaceae)

厚壳树属　*Ehretia*

797　粗糠树　*Ehretia dicksonii* Hance

习性:落叶乔木,高约15 m,胸高直径20 cm。树皮灰褐色,纵裂。枝条褐色,小枝淡褐色,均被柔毛。叶上面密生具基盘的短硬毛,极粗糙,下面密生短柔毛。核果黄色,近球形,内果皮成熟时分裂为2个具2粒种子的分核。花期3~5月,果期6~7月。

用途:可供观赏。

798　厚壳树　*Ehretia acuminata* R. Brown

习性:落叶乔木,高达15 m。小枝无毛,暗褐色。叶上面无毛,下面疏被毛。圆锥状聚伞花序顶生。核果球形,具敏纹,裂为2个具2种子分核。

用途:药用,观赏,木材。

马鞭草科(Verbenaceae)

紫珠属　*Callicarpa*

799　枇杷叶紫珠　*Callicarpa kochiana* Makino

习性:灌木,叶片长椭圆形、卵状椭圆形或长椭圆状披针形;聚伞花序宽

3~6 cm;果实圆球形,径约 1.5 mm,几乎全部包藏于宿存的花萼内。花期 7~8 月,果期 9~12 月。

用途:药用,工业。

800　老鸦糊　*Callicarpa giraldii Hesse* ex Rehd.

习性:灌木,高 1~3(5) m;叶片纸质,宽椭圆形至披针状长圆形;雄蕊长约 6 mm,花药卵圆形,药室纵裂,药隔具黄色腺点;子房被毛。果实球形,初时疏被星状毛,熟时无毛,紫色。花期 5~6 月,果期 7~11 月。

用途:药用。

801　白棠子树　*Callicarpa dichotoma* (Lour.) K. Koch

习性:多分枝的小灌木,高 1~3 m;小枝纤细;子房无毛,具黄色腺点。果实球形,紫色,径约 2 mm。花期 5~6 月,果期 7~11 月。

用途:药用,工业。

802　紫珠　*Callicarpa bodinieri* Levl.

习性:灌木,高约 2 m;小枝、叶柄和花序均被粗糠状星状毛。叶片卵状长椭圆形至椭圆形,表面干后暗棕褐色;聚伞花序,子房有毛。果实球形,熟时紫色。花期 6~7 月,果期 8~11 月。

用途:药用。

803　窄叶紫珠　*Callicarpa membranacea* Chang

习性:叶片质地较薄,倒披针形或披针形,绿色或略带紫色;聚伞花序宽约 1.5 cm,花序梗长约 6 mm;果实径约 3 mm。花期 5~6 月,果期 7~10 月。

用途:观赏。

豆腐柴属　*Premna*

804　豆腐柴　*Premna microphylla* Turcz.

习性:直立灌木,叶,卵状披针形、椭圆形、卵形或倒卵形;聚伞花序组成顶生塔形的圆锥花序;核果紫色,球形至倒卵形。花、果期 5~10 月。

用途:药用,食用。

牡荆属　Vitex

805　黄荆　*Vitex negundo* L.

习性:灌木或小乔木;掌状复叶;小叶片长圆状披针形至披针形;雄蕊伸出花冠管外;子房近无毛。核果近球形,径约 2 mm;宿萼接近果实的长度。花期 4~6 月,果期 7~10 月。

用途:药用,工业。

806　牡荆　*Vitex negundo var. cannabifolia* (Sieb. et Zucc.) Hand.-Mazz.

习性:落叶灌木或小乔木,叶对生,掌状复叶,小叶片披针形或椭圆状披针形,顶端渐尖,表面绿色,背面淡绿色;圆锥花序顶生,果实近球形,黑色。花期 6~7 月,果期 8~11 月。

用途:药用,观赏。

807　荆条　*Vitex negundo* var. *heterophylla* (Franch.) Rehd.

习性:灌木或小乔木,高可达 2~8 m,地径 7~8 cm,树皮灰褐色,幼枝方形有四棱;掌状复叶对生或轮生,小叶 5 或 3 片;花序顶生或腋生,先由聚伞花序集成圆锥花序,核果球形,果径 2~5 mm。花期 6~8 月,果期 9~10 月。

用途:药用,工业。

大青属　*Clerodendrum*

808　大青　*Clerodendrum cyrtophyllum* Turcz.

习性:灌木或小乔木,高 1~10 m;叶片纸质,椭圆形、卵状椭圆形、长圆形或长圆状披针形,伞房状聚伞花序,生于枝顶或叶腋,果实球形或倒卵形,绿色,成熟时蓝紫色。花、果期 6 月至翌年 2 月。

用途:药用。

809　臭牡丹　*Clerodendrum bungei* Steud.

习性:灌木,高 1~2 m,叶片纸质,宽卵形或卵形,伞房状聚伞花序顶生,密集;核果近球形,径 0.6~1.2 cm,成熟时蓝黑色。花、果期 5~11 月。

用途:药用。

810　海州常山　*Clerodendrum trichotomum* Thunb.

习性:灌木或小乔木,高 1.5~10 m;叶片纸质,卵形、卵状椭圆形或三角状卵形,伞房状聚伞花序顶生或腋生,核果近球形,包藏于增大的宿萼内,成熟时外果皮蓝紫色。花、果期 6~11 月。

用途:观赏。

莸属　*Caryopteris*

811　光果莸　*Caryopteris tangutica* Maxim.

习性:直立灌木,高 0.5~2 m;叶片披针形至卵状披针形,顶端钝或渐尖,基部圆形或楔形,表面绿色;聚伞花序紧密呈头状,腋生和顶生,子房无毛。蒴果倒卵圆状球形,无毛,果瓣具宽翅。花期 7~9 月,果期 9~10 月。

用途:工业,药用。

唇形科(Labiatae)

香薷属　*Elsholtzia*

812　木香薷　*Elsholtzia stauntoni* Benth.

习性:直立半灌木,高 0.7~1.7 m;叶披针形至椭圆状披针形,穗状花序伸长,长 3~12 cm,生于茎枝及侧生小花枝顶上,位于茎枝上者较长;花、果期 7~10 月。

用途:药用,工业,观赏。

813　鸡骨柴　*Elsholtzia fruticosa*（D. Don）Rehd.

习性:直立灌木,高 0.8~2 m,穗状花序圆柱状,顶生或腋生,由具短梗多花的轮伞花序所组成。花期 7~9 月,果期 10~11 月。

用途:药用,工业。

茄科(Solanaceae)

枸杞属 *Lycium*

814 枸杞 *Lycium chinense* Miller

习性:多分枝灌木。枝条细弱,弓状弯曲或俯垂,淡灰色,有纵条纹,棘刺长0.5~2 cm。叶先端尖,基部楔形。花在长枝1~2腋生。浆果卵圆形,红色。种子扁肾形,黄色。果期6~11月。

用途:药用,食用,工业。

815 宁夏枸杞 *Lycium barbarum* L.(*)

习性:灌木,高达2 m。茎枝无毛,具棘刺。叶先端短渐尖或尖,基部楔形。花在长枝1~2腋生,在短枝2~6簇生。浆果红色或有橙色,肉质多汁。种子扁肾形,褐黄色。花期5~8月,果期8~11月。

用途:药用。

玄参科(Scrophulariaceae)

泡桐属 *Paulowniav*

816 毛泡桐 *Paulownia tomentosa* (Thunb.) Steud.

习性:乔木高达20 m,叶片心脏形,小聚伞花序;花冠紫色,漏斗状钟形,蒴果卵圆形;种子连翅长2.5~4 mm。花期4~5月,果期8~9月。

用途:观赏。

817 光泡桐 *Paulownia tomentosa var. tsinlingensis* (Pai) Gong Tong

习性:乔木,叶对生,叶大而长柄,树皮灰色、褐色或黑色,幼树树皮光滑但皮孔显著,大成熟叶片下面无毛或毛极稀疏;花序为聚伞圆锥形,果为蒴果,卵状或椭圆状,种子椭圆状,很小,数量多。花期4~5月,果期8~9月。

用途:药用,木材,食用。

818　兰考泡桐　*Paulownia elongata* S. Y. Hu

习性：乔木，高达 10 m 以上，叶片通常卵状心脏形，蒴果卵形，稀卵状椭圆形，种子连翅长 4~5 mm。花期 4~5 月，果期秋季。

用途：药用，观赏，木材。

819　楸叶泡桐　*Paulownia catalpifolia* Gong Tong

习性：大乔木，树冠为高大圆锥形，树干通直。叶片通常长卵状心脏形，蒴果椭圆形，幼时被星状茸毛，果皮厚达 3 mm。花期 4 月，果期 7~8 月。

用途：药用，木材。

820　白花泡桐　*Paulownia fortunei*（Seem.）Hemsl.

习性：乔木，高达 30 m，树皮灰褐色，叶片长卵状心脏形，有时为卵状心脏形，小聚伞花序有花 3~8 朵，蒴果长圆形或长圆状椭圆形，果皮木质，厚 3~6 mm；种子连翅长 6~10 mm。花期 3~4 月，果期 7~8 月。

用途：药用，观赏。

紫葳科(Bignoniaceae)

梓属　*Catalpa*

821　梓　*Catalpa ovata* G. Don

习性：乔木，高达 15 m；叶对生或近于对生；顶生圆锥花序；蒴果线形，下垂。种子长椭圆形，长 6~8 mm，宽约 3 mm，两端具有平展的长毛。

用途：药用，木材。

822　楸　*Catalpa bungei* C. A. Mey.

习性：乔木，高 8~12 m。顶生伞房状总状花序，有花 2~12 朵；花冠淡红色。蒴果线形，长 25~45 cm，宽约 6 mm。种子狭长椭圆形。花期 5~6 月，果期 6~10 月。

用途：药用，食用，观赏，木材。

823　灰楸　*Catalpa fargesii* Bur

习性:乔木,高达 25 m;叶厚纸质,卵形或三角状心形;顶生伞房状总状花序,蒴果细圆柱形,下垂,长 55~80 cm,果爿革质,2 裂。种子椭圆状线形,薄膜质,两端具丝状种毛。花期 3~5 月,果期 6~11 月。

用途:观赏,木材,食用,药用。

824　黄金树　*Catalpa speciosa* (Barney) Engelm*

习性:乔木,高 6~10 m;圆锥花序顶生;蒴果圆柱形,黑色。种子椭圆形,长 25~35 mm,宽 6~10 mm。花期 5~6 月,果期 8~9 月。

用途:观赏。

凌霄属　*Campsis*

825　凌霄　*Campsis grandiflora* (Thunb.) Schum. *

习性:攀缘藤本;茎木质,表皮脱落,枯褐色;叶对生,为奇数羽状复叶;花冠内面鲜红色,外面橙黄色。雄蕊着生于花冠筒近基部;花柱线形;蒴果顶端钝。花期 5~8 月。

用途:观赏,药用。

苦苣苔科(Gesneriaceae)

吊石苣苔属　Lysionotus

826　吊石苣苔　*Lysionotus pauciflorus* Maxim.

习性:小灌木;叶片革质,形状变化大;花序有 1~2(5)花;蒴果线形,长 5.5~9 cm,宽 2~3 mm,无毛。种子纺锤形,长 0.6~1 mm,毛长 1.2~1.5 mm。花期 7~10 月。

用途:药用。

茜草科(Rubiaceae)

野丁香属　*Leptodermis*

827　薄皮木　*Leptodermis oblonga* Bunge

习性:灌木。小枝被微柔毛。叶纸质,先端渐尖,基部楔形,上面粗糙,下面被柔毛或近无毛。花无梗,小苞片卵形,被柔毛,合生,花冠淡紫红色,漏斗状。蒴果长5~6 mm。假种皮与种皮分离。花期6~8月,果期10月。

用途:园艺。

白马骨属　*Serissa*

828　白马骨　*Serissa serissoides*（DC.）Druce

习性:小灌木,通常高达1 m。枝粗壮,灰色,被短毛,后毛脱落变无毛。叶丛生,薄纸质。花无梗,生于小枝顶部,有苞片,苞片膜质。花期4~6月。

用途:园艺。

香果树属　*Emmenopterys*

829　香果树　*Emmenopterys henryi* Oliv.

习性:落叶大乔木,高达30 m,胸径1 m。叶先端短尖或骤渐尖,基部楔形,脉腋常有簇毛,托叶三角状卵形,早落。花芳香。蒴果长圆状卵形或近纺锤形,无毛或有柔毛,有纵棱。种子小而有宽翅。花期6~8月,果期8~11月。

用途:观赏,木材。

水团花属　*Adina*

830　水团花　*Adina pilulifera*（Lam.）Franch. ex Drake

习性:常绿灌木至小乔木。叶对生,厚纸质。上面无毛,下面无毛或被疏柔毛。头状花序腋生。蒴果楔形。种子长圆形,两端有窄翅。花期6~7月。

用途:木材,药用。

831　细叶水团花　*Adina rubella* Hance

习性：落叶小灌木。叶对生，近无柄，薄革质，先端渐尖或短尖，基部宽楔形或近圆，托叶小，早落。头状花序。小蒴果长卵状楔形。果期5~12月。

用途：木材，药用。

栀子属　*Gardenia*

832　*Gardenia jasminoides* Ellis *

习性：灌木，高达3 m。叶对生或3枚轮生，两面，无毛，托叶膜质，基部合生成鞘。花芳香，单朵生于枝顶，萼筒宿存，花冠高脚碟状。果黄或橙红色，有翅状纵棱5~9。种子近圆形。花期3~7月，果期5月至翌年2月。

用途：观赏，药用，工业，食用。

鸡矢藤属　*Paederia*

833　鸡矢藤　*Paederia scandens*(Lour.) Merr.

习性：藤状灌木。叶对生，膜质，叶上面无毛，在下面脉上被微毛。圆锥花序腋生或顶生，小苞片有小睫毛。果阔椭圆形，压扁，光亮，顶部冠以圆锥形的花盘和微小宿存的萼檐裂片；小坚果浅黑色，具1阔翅。花期5~7月。

用途：药用。

忍冬科(Caprifoliaceae)

接骨木属　*Sambucus*

834　接骨木　*Sambucus williamsii* Hance

习性：落叶灌木或小乔木，高5~6 m；羽状复叶有小叶2~3对，花与叶同出，圆锥形聚伞花序顶生，果实红色，极少蓝紫黑色，卵圆形或近圆形。花期一般4~5月，果熟期9~10月。

用途：园艺。

荚蒾属 *Viburnum*

835 聚花荚蒾 *Viburnum glomeratum* Maxim.

习性:落叶灌木或小乔木,高达3~5 m;叶纸质,卵状椭圆形、卵形或宽卵形,稀倒卵形或倒卵状矩圆形,雄蕊稍高出花冠裂片,果实红色,后变黑色;核椭圆形,扁。花期4~6月,果熟期7~9月。

用途:园艺。

836 绣球荚蒾 *Viburnum macrocephalum* Fort.

习性:落叶或半常绿灌木,高达4 m;叶临冬至翌年春季逐渐落尽,纸质,卵形至椭圆形或卵状矩圆形,聚伞花序全部由大型不孕花组成;雌蕊不育,花期4~5月。

用途:园艺。

837 琼花 *Viburnum macrocephalum* Fort. f. *keteleeri* (Carr.) Rehd. *

习性:落叶或半常绿灌木,聚伞花序仅周围具大型的不孕花,雄蕊稍高出花冠;果实红色而后变黑色,椭圆形;核扁,矩圆形至宽椭圆形。花期4~5月,果熟期9~10月。

用途:园艺。

838 陕西荚蒾 *Viburnum schensianum* Maxim.

习性:落叶灌木,高可达3 m,叶纸质,卵状椭圆形、宽卵形或近圆形,聚伞花序,雄蕊与花冠等长或略较长;果实红色而后变黑色,椭圆形,核卵圆形。花期5~7月,果熟期8~9月。

用途:绿化。

839 烟管荚蒾 *Viburnum utile* Hemsl.

习性:常绿灌木,高达2 m;叶革质,卵圆状矩圆形,有时卵圆形至卵圆状披针形;聚伞花序直径5~7 cm;果实红色,后变黑色,椭圆状矩圆形至椭圆形,核稍扁,椭圆形或倒卵形。花期3~4月,果熟期8月。

用途:茎枝民间用来制作烟管。

840 香荚蒾 *Viburnum farreri* W. T. Stearn *

习性:落叶灌木,高达5 m;叶纸质,椭圆形或菱状倒卵形;圆锥花序生于能生幼叶的短枝之顶,雄蕊生于花冠筒内中部以上;果实紫红色,矩圆形,核扁。花期4~5月。

用途:观赏。

841　珊瑚树　*Viburnum odoratissimum* Ker-Gawl. *

习性:常绿灌木或小乔木,高达10~15 m;叶革质,椭圆形至矩圆形或矩圆状倒卵形至倒卵形;圆锥花序顶生或生于侧生短枝上,果实先红色后变黑色,卵圆形或卵状椭圆形,核卵状椭圆形,浑圆。花期4~5月,果熟期7~9月。

用途:园艺,木材,药用。

842　桦叶荚蒾　*Viburnum betulifolium* Batal.

习性:落叶灌木或小乔木,高可达7 m;叶厚纸质或略带革质,干后变黑色,宽卵形至菱状卵形或宽倒卵形,稀椭圆状矩圆形;复伞形式聚伞花序;果实红色,近圆形,长约6 mm,核扁。花期6~7月,果熟期9~10月。

用途:木材。

843　荚蒾　*Viburnum dilatatum* Thunb.

习性:落叶灌木,高1.5~3 m,叶纸质,宽倒卵形、倒卵形或宽卵形;复伞形式聚伞花序稠密,果实红色,椭圆状卵圆形,核扁,卵形。花期5~6月,果熟期9~11月。

用途:木材,工业,食用。

844　宜昌荚蒾　*Viburnum erosum* Thunb.

习性:灌木,高达3 m;叶纸质,形状变化很大,卵状披针形、卵状矩圆形、狭卵形、椭圆形或倒卵形,复伞形式聚伞花序生于具1对叶的侧生短枝之顶;果实红色,宽卵圆形,长6~7(9) mm,核扁。花期4~5月,果期8~10月。

用途:木材,工业。

845　鸡树条　*Viburnum opulus* Linn. var. *calvescens* (Rehd.) Hara

习性:落叶灌木,树皮质厚而多少呈木栓质,小枝、叶柄和总花梗均无毛。叶下面仅脉腋集聚簇状毛或有时脉上亦有少数长伏毛;花药紫红色。花期5~6月,果熟期9~10月。

用途:绿化。

蝟实属 *Kolkwitzia*

846 蝟实 *Kolkwitzia amabilis* Graebn.

习性:多分枝直立灌木,高可达 3 m;叶椭圆形至卵状椭圆形,果实黄色。花期 5~6 月,果熟期 8~9 月。

用途:观赏。

六道木属 *Abelia*

847 糯米条 *Abelia chinensis* R. Br.

习性:落叶多分枝灌木,高达 2 m;叶有时三枚轮生,圆卵形至椭圆状卵形,聚伞花序生于小枝上部叶腋,雄蕊着生于花冠筒基部,果实具宿存而略增大的萼裂片。

用途:观赏,园艺。

848 二翅糯米条 *Abelia macrotera* (Graebn. et Buchw.) Rehd.

习性:落叶灌木,高 1~4 m;叶有时 3 枚轮生,革质,卵形、狭卵形或披针形;幼枝红褐色,光滑。花期 5~6 月,果熟期 8~10 月。

用途:药用、食用。

849 蓪梗花 *Abelia engleriana* (Graebn.) Rehd.

习性:落叶灌木,高可达 2 m;叶片圆卵形、狭卵圆形、菱形、狭矩圆形至披针形,果实长圆柱形。花期 5~6 月,果熟期 8~9 月。

用途:绿化。

850 六道木 *Abelia biflora* Turcz.

习性:落叶灌木,高 1~3 m;叶矩圆形至矩圆状披针形,果实具硬毛,种子圆柱形,具肉质胚乳。早春开花,8~9 月结果。

用途:绿化。

锦带花属 *Weigela*

851 锦带花 *Weigela florida* (Bunge) A. DC. *

习性:落叶灌木,树皮灰色,高达 1~3 m,叶矩圆形、椭圆形至倒卵状椭圆形,花单生或成聚伞花序生于侧生短枝的叶腋或枝顶,果实长 1.5~2.5 cm,顶有短柄状喙,疏生柔毛;种子无翅。花期 4~6 月。

用途:园艺。

忍冬属 *Lonicera*

852 唐古特忍冬 *Lonicera tangutica* Maxim.

习性:落叶灌木,高达 2~4 m;叶纸质,倒披针形至矩圆形或倒卵形至椭圆形,顶端钝或稍尖,果实红色,种子淡褐色,卵圆形或矩圆形。花期 5~6 月,果熟期 7~8 月(西藏 9 月)。

用途:绿化。

853 黏毛忍冬 *Lonicera fargesii* Franch.

习性:落叶灌木,高达 4 m;叶纸质,倒卵状椭圆形、倒卵状矩圆形至椭圆状矩圆形,果实红色,卵圆形;种子橘黄色,椭圆形。花期 5~6 月,果熟期 9~10 月。

用途:观赏。

854 丁香叶忍冬 *Lonicera oblata* Hao ex Hsu et H. J. Wang *

习性:落叶灌木,高达 2 m,叶厚纸质,三角状宽卵形至菱状宽卵形,总花梗出自当年小枝的叶腋,果实红色,圆形,种子近圆形或卵圆形,稍扁平,淡棕褐色。果熟期 7 月。

用途:园艺。

855 下江忍冬 *Lonicera modesta* Rehd.

习性:灌木,高达 2 m;叶厚纸质,菱状椭圆形至圆状椭圆形、菱状卵形或宽卵形,相邻两果实几全部合生,由橘红色转为红色;种子 1~2 颗,淡黄褐色,稍扁,卵圆形或矩圆形。花期 5 月,果期 9~10 月。

用途:观赏。

856　红脉忍冬　*Lonicera nervosa* Maxim.

习性:落叶灌木,叶纸质,初发时带红色,椭圆形至卵状矩圆形,果实黑色,圆形;高达 3 m。花期 6~7 月,果熟期 8~9 月。

用途:园艺。

857　华北忍冬　*Lonicera tatarinowii* Maxim.

习性:落叶灌木,高达 2 m;雄蕊生于花冠喉部,果实红色,近圆形,种子褐色,矩圆形或近圆形。花期 5~6 月,果熟期 8~9 月。

用途:园艺。

858　蓝靛果　*Lonicera caerulea* L. var. *edulis* Turcz. ex Herd.

习性:落叶灌木;幼枝被毛,老枝棕色,叶稀卵形,两面疏生短硬毛,花冠外面有柔毛,复果蓝黑色,稍被白粉,圆形。5~6 月开花,8~9 月结果。

用途:园艺。

859　葱皮忍冬　*Lonicera ferdinandii* Franch.

习性:落叶灌木,高达 3 m;叶纸质或厚纸质,卵形至卵状披针形或矩圆状披针形,果熟时达 7~13 mm,果实红色,卵圆形,长达 1 cm,种子椭圆形,扁平。花期 4 月下旬至 6 月,果熟期 9~10 月。

用途:木材。

860　北京忍冬　*Lonicera elisae* Franch.

习性:落叶灌木,高达 3 m,叶纸质,卵状椭圆形至卵状披针形或椭圆状矩圆形,顶端尖或渐尖;两面被短硬伏毛,果实红色,椭圆形,种子淡黄褐色,稍扁,矩圆形或卵圆形,多花期 4~5 月,果熟期 5~6 月。

用途:园艺。

861　郁香忍冬　*Lonicera fragrantissima* Lindl. et Paxt.

习性:半常绿或有时落叶灌木,高达 2 m;叶厚纸质或带革质,形态变异很大。果实鲜红色,矩圆形;种子褐色,稍扁,矩圆形。花期 2 月中旬至 4 月。

用途:园艺。

862 苦糖果 *Lonicera fragrantissima* var. *lancifolia*.

习性:落叶灌木,小枝和叶柄有时具短糙毛,叶卵形、椭圆形或卵状披针形,花柱下部疏生糙毛。花期 1 月下旬至 4 月上旬,果熟期 5~6 月。

用途:食用、药用、美容美发。

863 金花忍冬 *Lonicera chrysantha* Turcz.

习性:落叶灌木,高达 4 m;叶纸质,菱状卵形、菱状披针形、倒卵形或卵状披针形,雄蕊和花柱短于花冠,花柱全被短柔毛。果实红色,圆形。花期 5~6 月,果熟期 7~9 月。

用途:药用。

864 金银忍冬 *Lonicera maackii* (Rupr.) Maxim.

习性:落叶灌木,高达 6 m,叶纸质,形状变化较大,通常卵状椭圆形至卵状,果实暗红色,圆形,种子具蜂窝状微小浅凹点。花期 5~6 月,果熟期 8~10 月。

用途:木材,工业,药用。

865 红花金银忍冬 *Lonicera maackii* (Rupr.) Maxim. var. *erubescens* Rehd.*

习性:落叶灌木,花冠、小苞片和幼叶均带淡紫红色。花期 5~6 月,果熟期 8~10 月。

用途:园林。

866 忍冬 *Lonicera japonica* Thunb.

习性:半常绿藤本,叶纸质,卵形至矩圆状卵形,雄蕊和花柱均高出花冠,果实圆形,直径 6~7 mm,熟时蓝黑色,有光泽;种子卵圆形或椭圆形,褐色,花期 4~6 月(秋季亦常开花),果熟期 10~11 月。

用途:药用,园林。

867 盘叶忍冬 *Lonicera tragophylla* Hemsl.

习性:落叶藤本;叶纸质,矩圆形或卵状矩圆形,稀椭圆形;由 3 朵花组成的聚伞花序密集成头状花序生小枝顶端,果实成熟时由黄色转红黄色,最后变深红色,近圆形。花期 6~7 月,果熟期 9~10 月。

用途:园林,药用。

菊科(Compositae)

帚菊属 *Pertya*

868　华帚菊　*Pertya sinensis* Oliv.

习性:落叶灌木,高1~2 m,头状花序单生于短枝簇生叶丛中,雌雄异株。花期7~8月。

用途:观赏。

869　心叶帚菊　*Pertya cordifolia* Mattf.

习性:亚灌木,高1~1.8 m。叶互生,疏离,叶片纸质,阔卵形;头状花序无梗或具1~4 mm长的短梗,团伞花序柄长1~2 cm,密被短柔毛;瘦果近纺锤形,花期9~10月。

用途:尚未引种。

(二)品种名录

1 银杏

邳县2号银杏
郯城13银杏
郯城16号银杏
宛银1号银杏
宛银2号银杏
豫银杏1号(龙潭皇)

2 杉木

融水杉木

3 侧柏

千头柏

4 日本花柏

线柏

5 柏木

蓝冰柏
西藏柏木

6 日本扁柏

凤尾柏

7 圆柏

金叶桧
龙柏

8 榧树

香榧

9 毛白杨

北林雄株 1 号
北林雄株 2 号
黄淮 1 号杨
黄淮 2 号杨
黄淮 3 号杨
毛白杨 30 号
毛白杨 CFG34
毛白杨 CFG37
毛白杨 CFGo301
全红杨
三毛杨 7 号
桑迪杨
小叶 1 号毛白杨
中红杨
中豫 2 号杨

10 加杨

北杨
创新杨
丹红杨
南林 895 杨
南林 95 杨
南杨
欧美杨 107 号
欧美杨 108 号
欧美杨 2012
中怀 1 号
中怀 2 号

沙兰杨
晚花杨
健杨

11 旱柳

豫新柳

12 黑胡桃

中宁山黑核桃
中豫 1 号黑核桃

13 胡桃

艾米哥核桃
薄丰核桃
哈特利核桃
极早丰核桃
辽核 4 号
辽宁 1 号
辽宁 7 号核桃
鲁光
鲁香
绿波核桃
强特勒核桃
清香核桃
西扶
香玲核桃
新疆薄壳
豫丰核桃
豫香核桃
中核 4 号核桃
中核短枝核桃
中核香核桃
中林 1 号
中林 5 号
中洛缘黑核桃
中宁魁黑核桃
中宁奇核桃
中宁强核桃

中嵩1号核桃
中豫长山核桃1号

14 美国山核桃

中豫长山核桃Ⅱ号

15 栗

艾思油栗
大板栗
光山2号
确红
桐柏红油栗
豫板栗1号（豫罗红栗）
豫板栗4号（确山油栗）
豫罗红（罗山油栗）

16 日本栗

丹泽日本栗

17 桑

垂枝桑
白桑
白玉王
红果2号
剑阁18号
江椹10号
农桑12号
农桑14号
强桑1号
桑树新品种7946
台湾果桑46C019
台湾果桑72C002
无籽大10
育711
粤椹大10

花叶桑

18 蒙桑

山桑

19 奶桑

长果桑

20 构

红皮构树
花皮构树
金蝴蝶构树
饲料构树
长纤构树
花叶构树

21 无花果

A813
C47
波姬红（A132）
福建白蜜双果（长江七号）
日本紫果（法国紫果）

22 牡丹

粉娥献媚牡丹
粉扇牡丹
礼花红牡丹
桃花恋春牡丹
雪海纳金牡丹
烟云紫牡丹
紫岚牡丹

23 南天竹

火焰南天竹

24 日本小檗栽培

紫叶小檗

金叶小檗

25 望春玉兰

粉荷星花玉兰

星花玉兰

腋花望春玉兰

26 玉兰

紫霞玉兰

飞黄玉兰

27 含笑花

白玉含笑

28 蜡梅

素心蜡梅

29 杜仲

大果 1 号杜仲

红叶杜仲

华仲 10 号杜仲

华仲1号杜仲

华仲6号

30　三球悬铃木

少球1号悬铃木
少球2号悬铃木
少球3号悬铃木

31　火棘

小丑火棘

32　木瓜

金苹果木瓜
圆香木瓜

33　梨

爱宕梨
奥冠红梨
砀山酥梨
丰水梨
伏梨
红宝石梨
红酥脆梨
华山梨
皇冠梨
黄金梨
金顶谢花酥梨
金珠沙梨
满天红梨
七月酥梨
茄梨
秋黄
晚秋黄梨
晚秀梨
香红蜜梨
新高梨
幸水梨

雪花梨
圆黄梨
早红考蜜思梨
早酥梨
早酥香梨
中华玉梨
中梨 1 号
中梨 2 号
中梨 4 号

34 苹果

粉红女士
富士
华丹苹果
华佳苹果
华瑞苹果
金冠
锦秀红苹果
新红星

35 月季

东方之子月季
粉扇月季
锦上添花月季

36 桃

单瓣白桃
紫叶桃
碧桃
寿星桃
千瓣白桃
垂枝碧桃
安农水蜜
白凤
白云仙桃
报春桃
北农早艳
仓方早生
春光
春红

春花
春蕾
春美桃
京春
京玉
满天红
玫瑰红
庆丰
秋蜜红桃
秋甜桃
日本大沙红
瑞蟠 4 号
砂子早生
寿红桃
曙光
双红艳桃
五月鲜
霞晖 1 号
新川中岛
兴农红桃
秀春
秀玉
雪里红
鄞玉蜜桃
艳光
玉美人桃
玉西红蜜桃
豫白
豫甜
早超红
早凤王
中秋王桃
中桃 21 号桃
中桃 22 号桃
中桃 4 号桃
中桃 5 号桃
中桃红玉桃
中桃紫玉桃
重阳红
朱砂红 1 号桃

朱砂红 2 号桃
千年红油桃
中农金辉油桃
中油桃 10 号
中油桃 13 号
中油桃 14 号

37 蟠桃

早黄蟠桃
早露蟠桃
麦黄蟠桃
美国大扁桃
农神蟠桃
蟠桃皇后
中蟠桃 10 号
中蟠桃 11 号

38 杏

超仁
大红杏
丰仁
贵妃杏
金太阳
凯特杏
麦黄杏
内选 1 号杏
水白杏
香白杏
仰韶黄杏
仰韶杏
豫早冠
早红蜜杏
早金蜜
早金艳杏
中仁 1 号杏

39 杏李

风味玫瑰杏李
金抗杏李
恐龙蛋杏李
味帝杏李
味厚杏李

40 李

大玫瑰
大石早生
黑宝石
黑琥珀
红美丽
红肉李
黄甘李
黄甘李 1 号李
玫瑰皇后
美国大李
日本大李
圣玫瑰
太阳李

41 樱桃

布鲁克斯
红宝樱桃
红叶樱桃
吉塞拉 8 号樱桃
龙冠
美早
萨米脱
万寿红樱桃
意大利早红(莫莉,莫勒乌)
早大果

42 山樱花

红叶樱花

43 合欢

朱羽合欢

44 皂荚

金叶皂荚
密刺皂荚
嵩刺1号皂荚
嵩刺3号皂荚
无刺皂荚

45 紫荆

晚霞加拿大紫荆
重阳紫荆

46 槐

五叶槐
金枝国槐

47 刺槐

二度红花刺槐
黄金刺槐
箭杆刺槐
豫刺9号刺槐
豫刺槐1号
豫刺槐3号刺槐
豫刺槐4号刺槐
豫引1号刺槐
长叶刺槐

48 花椒

大红袍(大红椒,狮子头,疙瘩椒,六月椒,麦椒,伏椒)
大红袍花椒
大红椒(油椒,二红袍,二性子)

林州红花椒
秦安1号(大狮子头)
香椒子(川椒)

49 香椿

豫林1号香椿
白皮千头椿

50 黄杨

彩叶北海道黄杨

51 锦熟黄杨

金叶黄杨

52 梣叶槭

花叶复叶槭
金叶复叶槭
中豫青竹复叶槭
光辉
十月

53 美国红枫

秋焰红花槭
夕阳红

54 枣

扁核酸(酸铃,铃枣,婆枣,串干,鞭干)
冬枣(庙上福,雁来红,苹果枣)
灰枣新1号枣
尖脆枣
九月青(十月青,冬枣,长红)
新郑早红枣
中牟脆丰枣

55 榆树

豫杂 5 号
龙爪榆
窄叶榆
细皮榆
垂枝榆
钻天榆

56 葡萄

碧香无核
朝霞无核葡萄
赤霞珠
粉红亚都蜜
峰早葡萄
贵园葡萄
黑巴拉多葡萄
红巴拉多
红宝石无核
红地球
红美葡萄
户太八号
金手指葡萄
京亚
巨峰
巨玫瑰
抗砧 3 号葡萄
美人指葡萄
庆丰葡萄
水晶红葡萄
藤稔葡萄
维多利亚
夏黑葡萄
夏至红葡萄
阳光玫瑰葡萄
郑艳无核葡萄
郑州早玉葡萄
醉金香

57 中华猕猴桃

豫猕猴桃 1 号(华美 1 号)

58 紫薇

国旗红
红火球
红云 紫薇

59 石榴

白花重瓣
大红甜
冬艳石榴
范村软籽
河阴软籽
花边
南召酸
青皮
天红蛋
铜皮
突尼斯软籽石榴
以色列软籽
豫大籽
豫石榴 4 号
豫石榴 5 号
月季
白石榴
月季石榴
黄石榴
重瓣白石榴
重瓣红石榴
玛瑙石榴

60 山茱萸

伏牛红宝山茱萸
伏牛红丹山茱萸

61 杜鹃

桃粉杜鹃

62 柿

八瓣红

八月燥

博爱八月黄

博爱八月黄柿

禅寺丸

出头烘

次郎

冻柿

富有

盖柿

鬼脸青柿

黑柿 1 号柿胡栾头柿

灰子柿

鸡心柿

斤柿

青柿

罗田甜柿

绵柿

面柿

磨盘柿

牛心柿

皮匠篓柿

七月燥柿

前川次郎

十月红柿

树杈红

树梢红

水柿

四瓣柿

五瓣柿

西村早生

线坠柿

小萼子

小红柿

小火罐

小柿

新秋

胭脂红柿

雁过红

羊奶柿

阳丰

早甘红柿

中农红灯笼柿

中柿 1 号柿

中柿 2 号柿

63 连翘

金脉连翘

金叶连翘

64 木樨

丹桂

潢川金桂

金桂

银桂

65 女贞

花带女贞

辉煌女贞

66 日本女贞

金森女贞

67 金叶女贞

平抗 1 号金叶女贞

68 络石

花叶络石

69 毛泡桐

兰四泡桐

毛四泡桐

南四泡桐

杂四泡桐

70 楸

百日花楸树

金楸 1 号楸树

金丝楸 0432

洛楸 1 号楸树

洛楸 2 号楸树

洛楸 5 号楸树

豫楸1号
中林1号楸树
中林2号楸树
中林5号楸树
中林6号楸树

71 栀子

唐河1号栀子

72 接骨木

花叶接骨木
紫云接骨木

73 忍冬

金丰1号金银花

索 引